U0395269

格致方法·定量研究系列　吴晓刚　主编

Logistic 回归中的交互效应

[美] 詹姆斯·杰卡德(James Jaccard) 著
缪　佳 译

SAGE Publications, Inc.
格致出版社　上海人民出版社

出版说明

由香港科技大学社会科学部吴晓刚教授主编的“格致方法·定量研究系列”丛书，精选了世界著名的SAGE出版社定量社会科学研究丛书，翻译成中文，起初集结成八册，于2011年出版。这套丛书自出版以来，受到广大读者特别是年轻一代社会科学工作者的热烈欢迎。为了给广大读者提供更多的方便和选择，该丛书经过修订和校正，于2012年以单行本的形式再次出版发行，共37本。我们衷心感谢广大读者的支持和建议。

随着与SAGE出版社合作的进一步深化，我们又从丛书中精选了三十多个品种，译成中文，以飨读者。丛书新增品种涵盖了更多的定量研究方法。我们希望本丛书单行本的继续出版能为推动国内社会科学定量研究的教学和研究作出一点贡献。

总序

2003年,我赴港工作,在香港科技大学社会科学部教授研究生的两门核心定量方法课程。香港科技大学社会科学部自创建以来,非常重视社会科学研究方法论的训练。我开设的第一门课"社会科学里的统计学"(Statistics for Social Science)为所有研究型硕士生和博士生的必修课,而第二门课"社会科学中的定量分析"为博士生的必修课(事实上,大部分硕士生在修完第一门课后都会继续选修第二门课)。我在讲授这两门课的时候,根据社会科学研究生的数理基础比较薄弱的特点,尽量避免复杂的数学公式推导,而用具体的例子,结合语言和图形,帮助学生理解统计的基本概念和模型。课程的重点放在如何应用定量分析模型研究社会实际问题上,即社会研究者主要为定量统计方法的"消费者"而非"生产者"。作为"消费者",学完这些课程后,我们一方面能够读懂、欣赏和评价别人在同行评议的刊物上发表的定量研究的文章;另一方面,也能在自己的研究中运用这些成熟的方法论技术。

上述两门课的内容,尽管在线性回归模型的内容上有少量重复，但各有侧重。“社会科学里的统计学”从介绍最基本的社会研究方法论和统计学原理开始，到多元线性回归模型结束，内容涵盖了描述性统计的基本方法、统计推论的原理、假设检验、列联表分析、方差和协方差分析、简单线性回归模型、多元线性回归模型，以及线性回归模型的假设和模型诊断。“社会科学中的定量分析”则介绍在经典线性回归模型的假设不成立的情况下的一些模型和方法，将重点放在因变量为定类数据的分析模型上，包括两分类的 logistic 回归模型、多分类 logistic 回归模型、定序 logistic 回归模型、条件 logistic 回归模型、多维列联表的对数线性和对数乘积模型、有关删节数据的模型、纵贯数据的分析模型，包括追踪研究和事件史的分析方法。这些模型在社会科学研究中有着更加广泛的应用。

修读过这些课程的香港科技大学的研究生，一直鼓励和支持我将两门课的讲稿结集出版，并帮助我将原来的英文课程讲稿译成了中文。但是，由于种种原因，这两本书拖了多年还没有完成。世界著名的出版社 SAGE 的“定量社会科学研究”丛书闻名遐迩，每本书都写得通俗易懂，与我的教学理念是相通的。当格致出版社向我提出从这套丛书中精选一批翻译，以飨中文读者时，我非常支持这个想法，因为这从某种程度上弥补了我的教科书未能出版的遗憾。

翻译是一件吃力不讨好的事。不但要有对中英文两种语言的精准把握能力，还要有对实质内容有较深的理解能力，而这套丛书涵盖的又恰恰是社会科学中技术性非常强的内容，只有语言能力是远远不能胜任的。在短短的一年时间里，我们组织了来自中国内地及香港、台湾地区的二十几位研究生参与了这项工程，他们当时大部分是香港科技大学的硕士和博士研究生，受过严格的社会科学统计方法的训练，也有来自美国等地对定量研究感兴趣的博士研究生。他们是香港科技大学社会科学部博士研究生蒋勤、李骏、盛智明、叶华、张卓妮、郑冰岛，硕士研究生贺光烨、李兰、林毓玲、肖东亮、辛济云、於嘉、余珊珊，应用社会经济研究中心研究员李俊秀；香港大学教育学院博士研究生洪岩璧；北京大学社会学系博士研究生李丁、赵亮员；中国人民大学人口学系讲师巫锡炜；中国台湾"中央"研究院社会学所助理研究员林宗弘；南京师范大学心理学系副教授陈陈；美国北卡罗来纳大学教堂山分校社会学系博士候选人姜念涛；美国加州大学洛杉矶分校社会学系博士研究生宋曦；哈佛大学社会学系博士研究生郭茂灿和周韵。

参与这项工作的许多译者目前都已经毕业，大多成为中国内地以及香港、台湾等地区高校和研究机构定量社会科学方法教学和研究的骨干。不少译者反映，翻译工作本身也是他们学习相关定量方法的有效途径。鉴于此，当格致出版社和 SAGE 出版社决定在"格致方法 · 定量研究系列"丛书中推出另外一批新品种时，香港科技大学社会科学部的研究生仍然是主要力量。特别值得一提的是，香港科技大学应用社会经济研究中心与上海大学社会学院自 2012 年夏季开始，在上海（夏季）和广州南沙（冬季）联合举办"应用社会科学研究方法研修班"，至今已经成功举办三届。研修课程设计体现"化整为零、循序渐进、中文教学、学以致用"的方针，吸引了一大批有志于从事定量社会科学研究的博士生和青年学者。他们中的不少人也参与了翻译和校对的工作。他们在繁忙的学习和研究之余，历经近两年的时间，完成了三十多本新书的翻译任务，使得“格致方法·定量研究系列”丛书更加丰富和完善。他们是：东南大学社会学系副教授洪岩璧，香港科技大学社会科学部博士研究生贺光烨、李忠路、王佳、王彦蓉、许多多，硕士研究生范新光、缪佳、武玲蔚、臧晓露、曾东林，原硕士研究生李兰，密歇根大学社会学系博士研究生王骁，纽约大学社会学系博士研究生温芳琪，牛津大学社会学系研究生周穆之，上海大学社会学院博士研究生陈伟等。

陈伟、范新光、贺光烨、洪岩璧、李忠路、缪佳、王佳、武玲蔚、许多多、曾东林、周穆之，以及香港科技大学社会科学部硕士研究生陈佳莹，上海大学社会学院硕士研究生梁海祥还协助主编做了大量的审校工作。格致出版社编辑高璇不遗余力地推动本丛书的继续出版，并且在这个过程中表现出极大的耐心和高度的专业精神。对他们付出的劳动，我在此致以诚挚的谢意。当然，每本书因本身内容和译者的行文风格有所差异，校对未免挂一漏万，术语的标准译法方面还有很大的改进空间。我们欢迎广大读者提出建设性的批评和建议，以便再版时修订。

我们希望本丛书的持续出版，能为进一步提升国内社会科学定量教学和研究水平作出一点贡献。

吴晓刚

于香港九龙清水湾

目 录

序

分析非实验数据时，在回归模型中加入交互效应是一种常用的方法。如果 X 对 Y 的影响随着 Z 的取值不同而不同，就存在交互效应。此时正确的模型不再是 $Y = a + bX + cZ$，而应该是 $Y = a + bX + cZ + d(XZ)$。其中乘积项 XZ 的估计系数 d 反映的就是交互效应。举个简单的例子，我们用 Y 表示收入，X 表示受教育年限，Z 表示性别（1 为男性，0 为女性）。如果我们预期教育对男性收入的影响和对女性收入的影响是不一样的，就需要加入交互项。对男性而言，收入的预测方程是 $Y = (a + c) + (b + d)X$，对女性则是 $Y = a + bX$。如果估计系数 d 为正数且具有统计显著性，就说明相对于女性而言，教育年限的增加可以为男性带来更大的收入提高。用杰卡德博士的话说，X 的作用受到了调节因素 Z 的影响。

杰卡德博士在 1990 年就著有专著介绍多元回归中的交互效应（杰卡德、图里西：《多元回归中的交互作用》，格致方法·定量研究系列编号 4），该书推动了交互效应的应用和普及。之后，他又继续探讨了交互效应在 LISREL 和多因子方差分析（factorial AVONA）中的应用。作为这个领域的专家，杰卡德博士在这本专著中将交互效应的应用进一步推广到 logistic 模型中，在理论和应用层面都作出了重大贡献。虽然 logistic 模型已经被广泛应用，但是鲜有著作详细讨论如何在该模型框架下使用交互效应。自 20 世纪 60 年代学者提出了交互效应的估计方法以来，在很大程度上，我们对交互效应的认识只是在等式右边加入一个乘积项，而杰卡德博士的专著大大加深了我们对交互效应的理解。

除技术细节外，本书的重点在于如何解释交互效应。作者首先回顾了如何用概率、发生比和对数发生比的形式解释 logistic 回归的结果。与普通回归相似，logistic 回归中的交互效应也用乘积项表示。最简单的例子就是两个分类变量的双向交互效应。例如，心理学家想要研究未成年人的性行为，因变量 Y 是一个两分变量(1＝有过性行为，0＝没有性行为)；解释变量有两个：一为性别(用 G 表示，1＝男性，0＝女性)，二为母亲的就业状况(两个虚拟变量，F＝全职或非全职，P＝兼职或非兼职)。在 logistic 回归里，因变量是 Y 的对数发生比，自变量是 G、F、P 和乘积项 GF 和 GP。这里的研究假设是：母亲的就业状况对男孩和女孩涉足性行为的影响是不一样的。如果 GP 的 logistic 系数(该系数的指数是一个比值，计算方法是：用母亲从事兼职工作的青少年发生性行为的性别优比除以母亲失业的青少年发生性行为的性别优比)在统计上是显著的，就说明性别和母亲的就业状态之间存在交互效应。在解释了双向交互效应之后，作者进而介绍了三向交互效应，他用到的例子是邮寄问卷的回收率研究，解释变量是三个类别变量：填答问卷有无经济奖励、问卷长度和研究问题的重要性，这是一个 $2\times2\times2$ 的多因子设计。

之后的章节进一步讨论了更复杂情况下交互效应的解释方法,包括分类和连续变量的交互效应、两个连续变量的交互效应,以及当因变量是多类别变量时的交互效应。为了解释第三种情况,杰卡德博士列举了一项儿童心理学的研究。研究者将儿童对照料者的情感依附分为三种类型,解释变量是家庭环境和母亲的影响。研究者使用了 SPSS 统计软件对数据进行了多项式 logistic 回归。正如作者指出的那样,目前的统计软件已经能够处理 logistic 回归中的交互效应问题,真正的困难在于如何进行解释,本书的目的即在于一步步地指导读者去克服这一困难。

迈克尔·S.刘易斯-贝克

前言

本书介绍了如何在 logistic 回归中用乘积项来进行交互效应分析。我们主要关注在实际研究中可能遇到的多种情况，以及对 logistic 模型系数的解释。我们假设读者已经具备了 logistic 回归的基本知识，并对多层次 logistic 回归(hierarchical logistic regression)有一定了解。本书的重点不是从技术层面探讨这些复杂专题，相反，我们希望为读者提供一种非技术性的概论式指导，让他们知道在用乘积项来表示交互效应时，如何解释模型的 logistic 系数。虽然很多关于 logistic 回归的书都讨论过检验是否存在交互效应的一般方法，但是很少有专著指导读者去解释和理解方程的估计系数，本书正好填补了这一空白。我们旨在为应用型的研究者提供有关多元回归和 logistic 回归的基本知识，因此，我们避开了那些令人望而生畏的复杂的计算公式，取而代之的是易于理解(但稍微有点繁琐)的、基于统计软件所估计的参数和标准误进行计算的方法。为了减少四舍五入造成的差别，在所有例子中我们都保存了四位小数，不过一些例子中计算的结果还是有细微差别。

我要感谢以下审稿人富有建设性的评论和建议：美国博林格林州立大学(Bowling Green State University)社会学系的艾尔弗雷德·德马里斯(Alfred DeMaris)，荷兰蒂尔堡大学(Tilburg University)社会和行为科学部的雅克·哈根纳斯(Jacques Hagenaars)，行为科学研究所的斯科特·梅纳德(Scott Menard)，以及迪米特里·里亚哈弗斯基(Dimitri Liakhovitski)、保罗·戈伦(Paul Goren)、格伦·迪恩(Glenn Deane)、理查德·阿尔巴(Richard Alba)。此外，我还要感谢迈克尔·刘易斯-贝克的大力支持。他们为本书的出版付出了大量的时间和精力。

第1章

概　述

交互效应在社会科学理论中日益普遍化。随着交互效应分析越来越受关注，分析方法也在不断发展，以更准确地反映不同数据结构中的交互效应，如传统多元回归中的交互效应，方差分析和结构方程模型中的交互效应（参见 Jaccard, Turrisi & Wan, 1990; Jaccard & Wan, 1996; Jaccard, 1998）。本书将集中讨论 logistic 回归中以乘积项表示的交互效应。关于 logistic 回归已有大量论著进行过精彩介绍（Agresti, 1996; Allsion, 1999b; Long, 1997; Menard, 1995），因此本书假定读者已经掌握了该回归的基本知识。虽然一些教材介绍过在 logistic 回归模型中加入乘积项来反映交互效应的一般方法，但是它们很少提到如何解读乘积项的系数，以及加入了这个乘积项之后其他系数的解释会有什么变化。而这正是本书关注的重点。本书共分为六个章节。第 1 章讨论发生比的概念、没有交互效应的普通 logistic 回归、对回归系数的解释、回归系数的各种转换形式，以及从概念上如何界定交互效应。第 2 章介绍解释变量是类别变量时的交互效应。第 3 章介绍类别变量与定量/连续变量的交互效应。第 4 章介绍连续变量之间的交互效应。第 5 章进一步讨论定序及多项式 logistic 回归中的交互效应。最后一章讨论与交互效应分析相关的其他问题。

第1节 | 概率和发生比

设想有一个二分变量Y,当Y等于1时表示受访者支持某一项法案,等于0时表示反对该法案。对于人群总体来说,Y的均值用μ表示,μ值就是取值为1的人占人群总体的比例(在本例中,就是支持该法案者占人群总体的比例)。同时,μ也表示来自这个总体的人支持该法案的概率[即$\mu=P(Y=1)$]。例如$\mu=0.67$,表示个体支持该法案的概率是0.67,换句话说,大约2/3的人支持该法案。虽然在这种情况下,概率是一个直观地反映总体特征的统计量,但是我们还有另一个常用的统计量——发生比(odds)。如果用P代表某个事件发生的概率(例如,$Y=1$的概率),那么该事件的发生比就是:

$$\text{Odds}=P/(1-P) \qquad [1.1]$$

在这个例子中,支持该法案的发生比是$0.67/0.33=2.0$,其含义是:人们支持该法案的概率是反对它的概率的两倍。发生比的实质是通过计算比值来比较两种概率。如果某事件发生和不发生的概率是一样的,那么它的发生比就是1.0。两种概率悬殊越大,发生比就离1.0越远。每一种概率都对应着特定的发生比,如下所示:

概率	发生比
0.25	0.33
0.33	0.50
0.50	1.00
0.67	2.00
0.75	3.00

发生比等于 0.33 意味着人们支持该法案的概率是反对它的 1/3。发生比等于 1 表示人们支持和反对该法案的概率是一样的。发生比等于 3 说明人们支持它的概率是反对它的概率的三倍。许多社会科学家都倾向于使用发生比而不是概率。对一个虚拟变量来说,取值为 1 的发生比是 $\mu/(1-\mu)$,因为 μ 就是取值为 1 的概率。就像概率能转换成发生比一样,知道了发生比就能方便地计算出概率:

$$概率 = 发生比 /(1 + 发生比) \quad [1.2]$$

绝大部分研究者都以发生比的形式来解释 logistic 的分析结果。当然,根据公式 1.2 也可以计算出相应的概率,但是这样就增加了难度。在本书中我们统一使用发生比来解释 logistic 回归的结果。

第 2 节 | Logistic 回归模型

从形式上看,logistic 回归与社会科学中广泛使用的线性回归模型相似,可以表达为:$Y = \alpha + \beta_1 X_1 + \beta_2 X_2 + \cdots + \beta_k X_k$,但是两者之间存在着重要差别。理解这种差异最直观的方法是:将这两种模型都视为广义线性模型的特殊形式(McCullagh & Nelder, 1989)。广义线性模型由三个部分组成:随机部分、系统部分和连接部分(Agresti, 1996)。随机部分指结果变量 Y 以及与 Y 相关的概率分布。在传统回归分析中,Y 是连续变量,并假设 Y 服从于正态分布。在经典 logistic 回归中,Y 是一个二分变量,服从于二项式分布。系统部分指:解释变量以及这些解释变量如何组合在一起构成了解释方程。在传统线性回归和 logistic 回归中,系统部分都是:

$$\alpha + \beta_1 X_1 + \beta_2 X_2 + \cdots + \beta_k X_k$$

其中,α 是截距,β 是回归系数,X 是解释变量。这个表达通常被称做线性预测(linear predictor)。值得注意的是:一个给定的 X 可以与其他解释变量结合[例如:$X_3 = (X_1)(X_2)$],因此这个方程也可以反映出交互效应和非线性效应。连接部分说明了 Y 的均值 $\mu = E(Y)$ 如何与线性预测相联系。我们可以对 Y 的均值直接建模,也可以通过一些单调函数来建模。通用的表达式为：

$$g(\mu)=\alpha+\beta_1X_1+\beta_2X_2+\cdots+\beta_kX_k \qquad [1.3]$$

在这里，函数 $g(\mu)$ 表示均值的函数，称为连接函数(link function)。如果是对 Y 的均值直接建模，那么这个连接函数就是一个恒等函数，它反映的是解释变量的变化带来的均值的变化。比如，当保持其他条件不变时，X_1 变化一个单位，Y 的均值会变化多少。这是传统的线性模型关注的重点。相反，logistic 模型并不直接估计 Y 的均值，它估计的是 Y 的均值的对数转换形式，即 $\ln[\mu/(1-\mu)]$。因为 Y 在这里是个0—1 变量，这个模型估计的是 $Y=1$ 的发生比的自然对数如何随着 X 的变化而变化。当 Y 是一个二分变量时，这种估计方法就比直接估计 Y 的均值更合理，它在数学计算上更容易实现。在本书的余下部分我们都采用这个定义(Agresti, 1996)：对于一个取值为 0 或者 1 的二分变量 Y，$Y=1$ 的概率计为 π，logit(π)表示这个概率的一个 logistic 函数，相当于 $\pi/(1-\pi)$ 的自然对数。logit(π)和解释变量 X 之间的关系模型表示为：

$$\text{logit}(\pi)=\alpha+\beta_1X_1+\beta_2X_2+\cdots+\beta_kX_k \qquad [1.4]$$

方程 1.4 描述了 $Y=1$ 的对数发生比随着 X 的取值变化而发生的变化。本书的重点在于向读者介绍：对于不同类型的自变量，当 logistic 回归模型中含有用乘积项表示的交互效应时，如何合理地解释 α 和 β 的系数。很显然，方程 1.4 与传统的线性回归模型很相似。因此，在普通最小二乘法回归中分析交互效应时需要考虑的事项，在 logistic 回归中也不能忽略。

第3节 | 类别型解释变量和虚拟变量

在 logistic 回归分析中，解释变量常常包括类别变量，如性别、族群和宗教信仰等，在方程中这些变量都以虚拟变量的形式出现。研究者常常构建一些虚拟变量来表示一个变量所包含的不同组别。例如：对于性别这个变量，我们可以构建一个虚拟变量并且将男性编码为1，女性编码为0。这种编码方法被称为“虚拟编码”或者“分组编码”，其方法是将某个组别的所有成员编码为1，不属于这个组别的成员编码为0。当一个类别变量包含两个以上的组别时，我们就需要构建多个虚拟变量才能将所有成员分组。一般来说，当类别变量包含 m 个组别时，需要构造 $m-1$ 个虚拟变量。假设我们有一个变量——党派，这个变量有三个类别：民主党、共和党和中立人士，我们就需要构造 $3-1=2$ 个虚拟变量才能穷尽党派的分类。对于第一个虚拟变量 D_D，所有民主党成员都编码为1，其他人编码为0。对于第二个虚拟变量 D_R，所有共和党成员都编码为1，其他人则为0。虽然也可以构建第三个虚拟变量，将所有中立人士编码为1，其他人编码为0，但事实上这个变量是多余的，因为当确定了前两个变量的取值后，第三个变量的取值也就确定了。当我们知道某个人是否属于民主党，同时也知道他/她是否属于共和党，我们也可以知道他/她是否为中立人士。这个道理在性别的例子中更显而易见：我们构建一个虚拟变量将男性编码为 1、女性编码为 0，如果我们再构建一个虚拟变量将女性编码为 1 而男性为 0，这两个虚拟变量就是完全负相关的，因此第二个虚拟变量是多余的。当构建虚拟变量时，在所有的虚拟变量上都取值为 0 的那个组就称为参照组。例如，对性别变量来说，女性是参照组；对党派变量来说，中立人士是对照组。从统计的角度讲，任何组别都可以作为参照组。

为虚拟变量编码的方法有很多种，上文我们采用的是"虚拟编码"或者称做"分类编码"，即将分类变量转换为 0—1 变量。对不同编码方法的讨论可以参见哈迪（Hardy，1993）的著作。本书中我们统一采用"虚拟编码"法，所有对回归系数的解释都基于这种方法。如果读者对其他的编码方法及其解释感兴趣，可以参见霍斯默等人（Hosmer & Lemeshow，1989）的研究。

第4节 | Logistic 回归的预测值

假设我们要研究人们对某法案的态度，解释变量为性别和政治态度。政治态度是一个取值从－3到3的变量，测量受访者更倾向于保守主义还是自由主义。0分表示中立，分数越接近－3意味着受访者越保守，而越接近3表示其越倾向自由主义。性别是一个虚拟变量，男性编码为1，女性为0。结果变量等于1表示受访者支持该法案，为0表示反对。假设数据分析结果如下：

$$\text{Logit}(\pi) = 1.555 + -1.712\ \text{性别} + -0.513\ \text{政治态度} \qquad [1.5]$$

通过代入解释变量的具体数值，我们可以计算出 logit(π)的预测值。例如：对政治态度评分为＋2的男性来说，对数发生比的预测值是：

$$\text{Logit}(\pi) = 1.555 + -1.712(1) + -0.513(+2) = -1.183$$

通过计算指数我们可以得到发生比，即 exp(－1.183)＝0.306。[1] 这说明对于具有这些特征的人（男性，政治态度评分为＋2）来说，支持该法案的概率是反对它的概率的1/3。那么，对于政治态度得分为－2的男性来说情况又如何呢？通过代入数值我们得到：

$$\text{Logit}(\pi) = 1.555 + -1.712(1) + -0.513(-2) = 0.869$$

0.869 的指数是 2.384，即该群体支持该法案的发生比是 2.384。换句话说，对于这部分人，支持该法案的概率是反对它的概率的两倍多。

第5节 系数解释

上文的讨论为我们解释方程1.4和1.5的回归系数提供了基础。截距项α是所有解释变量都取0时对数发生比预测值。持中立态度(政治态度评分为0)的女性(性别取值为0)支持该法案的对数发生比的预测值是1.555,取指数得到4.735。换句话说,这部分人支持该法案的概率是反对它的概率的五倍左右。

虚拟变量,如性别,其系数解释可以通过以下方法:为政治态度任意取一个值,分别计算男性和女性支持该法案的发生比。为方便起见,我们将政治态度取值为0,男性和女性对数发生比的预测值分别为:

男性:$\text{logit}(\pi) = 1.555 + -1.712(1) + -0.513(0) = -0.157$

女性:$\text{logit}(\pi) = 1.555 + -1.712(0) + -0.513(0) = 1.555$

由此得到男性的发生比预测值为$\exp(-0.157) = 0.855$,而女性为$\exp(1.555) = 4.735$。为比较两者差异,常用的方法是计算其优比(odds ratio),即将两组的发生比相除:

$$\begin{aligned}\text{性别优比} &= \text{男性的发生比} / \text{女性的发生比} \\ &= 0.855/4.735 = 0.1805\end{aligned}$$

如果两组的发生比相同,那优比就为1.0;发生比相差越大,优比离 1.0 就越远。在本例中,男性的发生比预测值大约为女性的 1/5(准确地说,男性的发生比预测值是女性的 0.1805),说明女性比男性更有可能支持该法案。无论政治态度取何值,性别的优比都是 0.1805。当政治态度取不同数值(例如当政治态度取值+2)时,男性和女性的发生比预测值会随之改变,但两者的比值不会变。不过,当模型含有交互项时,情况就不一定如此了。

方程 1.5 显示,性别的估计系数是−1.712,求指数得到:exp(−1.712)=0.1805,正好就是性别的优比。对于 0—1 变量,其 logistic 系数的指数是优比,即,保持其他条件不变,赋值为 1 的组的发生比预测值除以参照组(赋值为 0 的组)的发生比预测值。

我们可以用同样的方法解释政治态度的系数。我们将性别取任意值(0 或者 1 都可以),计算出不同政治态度的取值对应的对数发生比和发生比:

政治态度得分	对数发生比预测值	发生比预测值
+3	0.016	1.017
+2	0.529	1.697
+1	1.042	2.835
0	1.555	4.735
−1	2.068	7.909
−2	2.581	13.210
−3	3.094	22.065

虽然不是十分直观,但是仍然可以看出发生比预测值呈现出系统变化的趋势。政治态度得分每增加 1 分,发生比就相当于原值乘以一个乘积因子(multiplicative factor)0.599。例如,当政治态度得分从−3 变为−2 时,预测的发生比从

22.065变成了13.210，恰好是(22.065)×(0.599)。同样，当政治态度为+1时，预测的发生比是2.835，当政治态度得分提高到+2时，发生比预测值为(2.835)×(0.599)=1.697。无论性别取何值，我们都能发现这个变化趋势，但这仅适用于方程中不包含交互项的情况。

方程1.5显示政治态度的logistic系数为−0.513，求指数得到：exp(−0.513)=0.599，正是上述乘积因子。当自变量是定量/连续变量时，其logistic系数的指数是一个乘积因子，保持其他条件不变的情况下，该自变量每增加一个单位，预期发生比就等于原值乘以该乘积因子。如果该自变量的指数系数为1，就说明这个自变量的变化对预测发生比没有影响。如果其指数系数大于1，表示该自变量数值的增加会提高预测发生比，反之亦然。

许多研究者将这个“乘积因子”称做定量/连续变量的优比，因为只要我们将某个连续变量取两个相邻递减的数值，分别计算它们的发生比预测值，再将两个发生比相除就可以得到这个乘积因子。但本书为了教学方便，仍称其为“乘积因子”。

第6节 概率、发生比和对数发生比的换算

如前文所述，在分析 logistic 回归时，概率及其对应的发生比可以方便地换算成对数发生比，如下所列。

概率	发生比	对数发生比
0.100	0.111	−2.197
0.200	0.250	−1.386
0.300	0.428	−0.847
0.400	0.667	−0.405
0.500	1.000	0.000
0.600	1.500	0.405
0.700	2.333	0.847
0.800	4.000	1.386
0.900	9.000	2.197

概率的取值在 0 到 1 之间，发生比的取值为 0 到无穷大，对数发生比的取值为负无穷到正无穷。概率不到 0.5 时，发生比都在 1 以下，对数发生比都是负数；概率超过 0.5 时，发生比就大于 1，对数发生比为正数。对数发生比并不局限于 0 或者 1（概率和发生比亦然），这一属性使其更容易满足 logistic回归背后的统计理论。不过许多社会科学家还是倾向于使用发生比，因为他们觉得对数发生比不够直观，难以解

释。将广义线性方程应用于对数发生比可以实现发生比和对数发生比的转换,通过取反对数,可以将基于对数计算的参数转换为基于发生比计算的参数。这一转换是有意义的。对于虚拟变量来说,当系数是对数发生比的形式时,其反映的是两组的对数发生比预测值的差异;而将该系数取反对数可以得到两组发生比预测值的比值。对于连续变量来说,当系数是对数发生比的形式时,它反映的是自变量每变化一个单位,因变量的对数发生比会变化几个单位;将其取反对数后会得到一个乘积因子,它表示自变量每变化一个单位,预期发生比就等于原来的值乘以该乘积因子。使用对数发生比的好处不仅仅在于它更好地满足了统计理论,而且在这种情况下,对截距和斜率的解释也与在广义线性方程下相似。当模型中含有交互项时,我们可以直接使用在传统回归分析中解释交互效应的方法。然而出于直观性的考虑,绝大部分社会科学家仍然以发生比或优比的形式报告他们的研究结果。为了与大多数研究者保持一致,本书的讨论也将使用发生比和优比的形式。

第 7 节 | 自变量的转换

在进行 logistic 分析之前，可以根据研究兴趣对自变量进行一些代数转换。在这里我们先介绍这样做的基本逻辑，具体做法将在后面的章节讨论。假设在前面的例子中，我们将所有受访者的政治态度得分都减去 1，于是这个变量的取值范围就由 −3 到 +3 变成了 −4 到 +2，新的 logistic 方程的结果如下：

$$\text{logit}(\pi)=1.042+-1.712\,性别+-0.513\,政治态度_t$$

我们发现，相对于原方程，只有截距项发生了改变，所有自变量的系数都没有变化。截距项的值表示：当性别取值为 0、新的政治态度取值为 0 时对数发生比的预测值。在原方程中，这个值是性别取值为 0、政治态度取值为 1 时对数发生比的预测值，如下所示：

$$\text{logit}(\pi)=1.555+-1.712(0)+-0.513(1)=1.042$$

我们为什么要进行这一转换呢？目前几乎所有的统计软件在进行 logistic 回归时，不仅报告参数估计，还报告标准误和置信区间。上述方法可以快速计算出在给定自变量取值的情况下发生比的置信区间。如果我们对自变量在某个取值上对应的发生比感兴趣，我们可以将该自变量增加或者减去该值，构造一个新变量，让新变量的0值等于原自变量的特定取值。然后用新变量进行 logistic 回归，将得到的截距项求指数，就是我们感兴趣的取值对应的预测发生比，我们还可以得到相应的置信区间。此外，如果不考虑任何转换，截距项的实际意义是十分有限的，因为它表示的是所有自变量取值为0时的对数发生比预测值，这种情况在实际中可能并不存在。在后面的章节中我们还会介绍其他转换方法。

第 8 节 | 交互效应的定义

社会科学研究对交互效应有多种定义方法，使用最广泛的一种方法是将交互效应置于因变量、自变量和调节变量(moderator variable)的框架中进行讨论。其中，因变量是结果变量，由自变量决定或者受到自变量的影响。自变量被认为是因变量的原因。当自变量对因变量的影响因为第三个变量，即“调节变量”的取值不同而不同时，我们就说存在交互效应。例如，政治态度对人们支持或反对某一法案的影响就男性和女性来说是不一样的，在这里，政治态度是自变量，人们对该法案的态度是因变量，性别就是调节变量。再如，社会阶层对人们就医行为的影响在不同的族群中不一样，在这个例子中，社会阶层是自变量，就医行为是因变量，族群是调节变量。

用调节变量的方法分析交互效应时，我们需要有清晰的理论假设来界定何为调节变量，以及何为关键自变量(focal independent variable)，即对因变量的作用受到调节变量影响的自变量。一般情况下，研究者在提出研究问题时会假设某个自变量可能会被其他调节变量影响，这种假设常常是很直观的。例如，有学者想研究某种治疗抑郁症的方法是否对男性和女性患者有不同的效果。此时，性别是调节变量，是否接受治疗就是关键自变量。此外,对自变量和调节变量的定义会因为研究兴趣的不同而不同,研究者甲定义的关键自变量可以是研究者乙所定义的调节变量。比如在研究消费行为时,一些研究者感兴趣的是商品质量和消费者购买意愿之间的关系,以及这种关系如何受到商品价格的影响。而对于市场研究者来说,他们更感兴趣的是商品价格如何影响购买意愿,以及这种影响如何因为商品质量的不同而不同。界定自变量和调节变量的依据是研究假设,没有绝对的标准来判定某种界定方式是否优于另一种。从统计上说,上述两个例子的方程是完全一样的,只是它们的理论关注点不同。

介绍了交互效应的一般特征之后,我们再从统计技术层面进行更深入的探讨。从调节变量的角度定义交互效应只是理解交互项参数的一种方法,有些社会科学研究者倾向于使用严格的统计定义,也有一些研究者兼顾了统计模型和研究设计。在如何参数化交互项方面,研究者的处理方法也不尽相同(Jaccard, 1998)。在本书中我们使用的是最常见的定义方法,将交互效应定义为:两个变量之间的关系是第三个变量(调节变量)的一个函数(双向交互效应的情况下)。这种方法虽然在社会科学研究中被广泛使用,但是它也有局限性,即它本身不能告诉我们何为关键自变量、何为调节变量,研究者可以随意作出界定。我们在后面还会谈到,X 对 Y 的作用被 Z 影响,或 Z 对 Y 的作用被 X 影响,在两种情况下交互项的参数都是一样的。尽管如此,由于调节变量的概念直观且易于理解,绝大多数应用型研究者还是采用了这一方法。

在 logistic 回归中加入交互效应最常见的方法就是加入

一个乘积项。以下是含有两个连续型自变量的模型(不含交互项):

$$\text{logit}(\pi)=\alpha+\beta_1 X+\beta_2 Z$$

假设上述方程中存在交互效应,Z 是调节变量,X(关键自变量)对结果变量的影响因 Z 取值的不同而不同。为了表示这种关系,我们可以将 β_1(反映了 X 对结果变量的影响)写成一个关于 Z 的线性函数:

$$\beta_1=\alpha'+\beta_3 Z$$

这个公式表示,Z 每变化一个单位,β_1 就变化 β_3 个单位。将这个公式代入原方程可以得到:

$$\text{logit}(\pi)=\alpha+(\alpha'+\beta_3 Z)X+\beta_2 Z$$

转换得到:

$$\text{logit}(\pi)=\alpha+\alpha' X+\beta_3 XZ+\beta_2 Z$$

用其他字母代表自变量的系数并调整一下各项顺序,得到含有交互项的方程:

$$\text{logit}(\pi)=\alpha+\beta_1 X+\beta_2 Z+\beta_3 XZ$$

如果我们将 Z 界定为关键自变量,X 界定为调节变量,它们的交互效应的方程也是一样的。但是变量如果以其他形式产生交互影响,方程就会不一样。在这里我们只展示了交互效应分析的一种方法——以乘积项形式表示的交互效应(关键自变量对结果变量的影响是一个关于调节变量的线性函数)。本书余下的部分将介绍如何解读这个方程中交互项的回归系数。我们不着重讨论如何评价模型的拟合优度,以及如何分析残差以得到更合适的模型。这并不是说这些问题不重要,相反,它们十分重要。只是本书的主要目的是帮助读者理解含有交互项的 logistic 回归中的系数含义,因此我们着重讨论这一点。

第 9 节 | 多层次完全模型

克雷勃(Kleinbaum, 1992)指出,logistic 回归中的交互效应分析一般都会用多层次完全(Hierarchically Well-Formulated , HWF)模型,该模型包含了最高阶交互项的所有低阶组成部分。例如,如果我们要研究 X 和 Z 的交互效应,多层次完全模型就包含了 X, Z 和 XZ。如果我们要研究 Q, X 和 Z 的三向交互效应,那么多层次完全方程就包括了 Q, X, Z, QX, QZ, XZ 和 QXZ。如果自变量包括虚拟变量 D_1 和 D_2,以及连续变量 Z,那么多层次完全模型就包括了 D_1, D_2, D_1Z 和 D_2Z。绝大部分(但不是全部)交互效应分析都使用了多层次完全模型,本书也统一使用此模型。

给定一个多层次完全模型,评估交互效应的通常做法就是采用分层分析(hierarchical analysis)。假设连续变量 Q, X 和 Z 之间有三向交互效应,多层次完全模型就是:

$$\text{logit}(\pi)=\alpha+\beta_1Q+\beta_2X+\beta_3Z+\beta_4QX+\beta_5QZ+\beta_6XZ+\beta_7QXZ$$

要检验最高阶项 QXZ 是否有必要纳入模型,我们只要比较两个模型——包含交互项和不包含交互项的模型的拟合优度即可。例如,我们将上述模型的拟合优度和以下模型的相比较：

$$\text{logit}(\pi)=\alpha+\beta_1 Q+\beta_2 X+\beta_3 Z+\beta_4 QX+\beta_5 QZ+\beta_6 XZ$$

如果两个模型的拟合优度有显著差别，就说明交互项是有意义的；如果差别不大，就没有必要加入交互项。在这个例子中，后一个方程还保留着多个双向交互效应。要检验某个双向交互项是否必要，我们需要列出包含这个交互项的多层次完全模型，将其拟合优度与不包含该交互项的模型进行比较。该检验可以通过几种方法实现，在第 5 章中我们会详细介绍这些方法之间的细微差别。

在上述例子中，我们将两个变量相乘以表示它们的交互效应，即单个自由度的交互效应。在这种情况下，交互项的统计显著性检验有两种方法：一是分别计算包含和不包含交互项的模型的卡方值，比较两个模型的拟合优度；二是直接检验交互项的 logistic 系数的统计显著性，如果该系数在统计上不显著，就说明该交互效应在统计上不显著。对于最小二乘法回归来说，单个自由度交互效应系数的 F 检验，以及是否包含该交互项的两个模型拟合优度之间的多层次 F 检验是完全一样的。但在 logistic 回归中不尽如此。研究者进行多层次检验时通常是比较两个模型的卡方值，这种检验基于似然比的统计值，直接检验交互项的回归系数时用的是 Wald 检验。这表明研究者的逻辑存在不一致性，除非他们明确说明这样做是为了检验交互效应在不同拟合优度指标下都具有统计稳健性。

当一个类别变量的分类多于两类时，方程中就需要有多个乘积项(综合交互效应)。例如，一个类别变量由两个虚拟

变量 D_1 和 D_2 表示，它与一个连续变量 Z 的交互效应就是 D_1Z 和D_2Z。要表示两个变量的交互效应，需要将它们各自包含的所有的变量都与对方相乘。综合交互效应的检验必须通过多层次完全方程进行，使用该方法我们可能会看到单项乘积项的 logistic 系数在统计上不显著，但是综合检验却是显著的。详细的统计原理会在后面的章节介绍。

本书的关注点在于指导读者解释统计软件的输出结果——logistic 回归系数和标准误。系数的统计显著性检验和置信区间的计算都基于 Wald 检验，不过读者需注意该检验在小样本情况下的局限性（参见 Agresti，1996：89；Hosmer & Lemeshow，1989）。艾利森（Allison，1996b）提出了另一种在经典 logistic 模型中进行统计显著性检验和计算标准误的方法，即轮廓似然置信区间（profile likelihood confidence intervals）。

第10节 交互项分析和分开进行的logistic回归

假设某研究者想比较连续变量 X 对两分变量 Y 的影响是否存在性别差异。有些研究者会就男性和女性样本分别进行 logistic 回归，然后看它们的回归系数是否“统计显著”（即 p 值是否小于 0.05）。如果某一组中的 X 系数显著，而另一组中的系数不显著，然后就得出结论认为 X 在前一组中的影响比在后一组中大。这样做的错误在于没有正式检验两个方程系数之间的差异。举个例子，X 的系数的 P 值在两个方程中分别为 0.051 和 0.049。虽然它们一个在统计上显著，另一个不显著，但是极有可能两个系数的大小并没有显著差异。交互项分析的好处就在于：通过加入乘积项，我们可以在一个方程中正式检验 logistic 系数的组间差异。

第2章

定性变量间的交互效应

本章将讨论定性变量间的交互效应，分析需要将定类变量转化为虚拟变量的形式。我们先从双向交互效应开始介绍，然后依次介绍三向交互效应，以及如何在方程中加入其他协变量。

第 1 节 | 双向交互效应

我们以青少年性行为的研究为例。该研究在七年级的学生中进行，结果变量是受访者是否有过性行为，如果“是”就赋值为 1；如果“否”就赋值为 0。解释变量包括性别 D_M（1＝男性，0＝女性）和母亲的工作状况（全职、兼职或失业）。表 2.1 列出了这个 2×3 的分类中，青少年有性行为的概率和发生比。因为工作状况分为三类，因此需要用两个虚拟变量表示：D_{Full}（1＝母亲从事全职工作，0＝其他）和 D_{Part}（1＝母亲从事兼职工作，0＝其他）。女性是性别变量的参照组，失业是工作状况变量的参照组。为了研究两个变量之间的交互效应，我们需要把表示这两个变量的虚拟变量相乘，于是得到两个乘积项：$D_M \times D_{Full}$ 和 $D_M \times D_{Part}$，这些乘积项与 D_M，D_{Full} 和 D_{Part} 一起进入方程。

表 2.1 用性别和母亲的工作状况预测青少年发生性行为的概率和发生比

	全职	兼职	失业
概率			
男生	0.36	0.30	0.28
女生	0.32	0.13	0.26
发生比			
男生	0.5625	0.4286	0.3889
女生	0.4706	0.1494	0.3514

正如我们在第 1 章中讨论过的，多项定类变量间的交互效应需要用到多层次完全方程，通过比较包含和不包含交互项的方程的拟合优度，我们可以判断是否有必要加入交互项。在本例中，我们可以计算出下面两个模型的卡方并加以比较：

$$\text{Logit}(\pi) = \alpha + \beta_1 D_{\text{M}} + \beta_2 D_{\text{Full}} + \beta_3 D_{\text{Part}} \qquad [2.1]$$

$$\text{Logit}(\pi) = \alpha + \beta_1 D_{\text{M}} + \beta_2 D_{\text{Full}} + \beta_3 D_{\text{Part}} + \beta_4 D_{\text{M}} D_{\text{Full}} + \beta_5 D_{\text{M}} D_{\text{Part}} \qquad [2.2]$$

我们用方程 2.2(含有交互项)的卡方值 34.19(自由度=5)减去方程 2.1(不含交互项)的卡方值 24.75(自由度=3)，得到两者卡方值的差 34.19－24.75=9.44，自由度之差 5－3=2，通过查阅卡方分布临界值表可以得出：卡方值为 9.44，自由度为 2 时，p 值小于 0.05，这说明多项定类变量的交互效应是显著的。要获取更详细的关于 logistic 回归检验的知识，可参见梅纳德(Menard, 1995)的研究。

研究者还对交互模型中回归系数之间的差异感兴趣。表 2.2 列出了各个回归系数、各系数的指数及其 95%的置信区间。我们首先从非交互项的系数开始解释。

表 2.2 自变量的 logistic 系数：双向交互效应

自变量	logistic 回归系数	回归系数的指数	95%的置信区间下限	95%的置信区间上限	p 值
D_{M}	0.1015	1.1068	0.7116	1.7215	0.652
D_{Full}	0.2922	1.3394	0.8680	2.0666	0.187
D_{Part}	−0.8539	0.4275	0.2533	0.7155	0.001
$D_{\text{M}} \times D_{\text{Full}}$	0.0769	1.0799	0.5894	1.9788	0.803
$D_{\text{M}} \times D_{\text{Part}}$	0.9511	2.5886	1.3174	5.0864	0.005
截距	−1.0460	0.3514	0.2562	0.4819	

我们在第1章中已经提到，性别变量的指数系数表示优比，即男生（赋值为1）有性行为的发生比除以女生（参照组，赋值为0）的发生比。常见的一个错误是把这个系数解释为性别的非条件主效应（nonconditioned main effect）（即保持雇用条件不变时，性别对性行为的影响）。这种解释是不正确的，因为在该方程中，虚拟变量是乘积项的一部分，性别变量的系数是在调节变量为零的条件下估计出来的（对这一概念的详细解释参见 Jaccard, Turrisi & Wan, 1990）。由于存在交互项，性别系数的指数表示交互项中的其他变量为0时（即 $D_{\text{Full}}=0$, $D_{\text{Part}}=0$）性别优比的预测值。因此，D_{M}系数的指数表示，母亲处于失业状态中的青少年发生性行为的性别优比预测值（因为对于母亲失业的青少年，$D_{\text{Full}}=0$ 且 $D_{\text{Part}}=0$）。在表2.1中我们看到，母亲失业的男生和女生有性行为的发生比分别是0.3889和0.3514，两者的比值0.3889/0.3514=1.1068，正是表2.2中性别系数的指数值。95%的置信区间反映了优比的抽样误差，为0.7116到1.7215。如果1.0没有落在95%的置信区间内，我们就说在5%的显著性水平下，该系数是显著的。在本例中，性别的系数在统计上不显著，因为置信区间包含了1.0。这说明，在总体人群中，失业母亲的儿子有性行为的发生比和失业母亲的女儿有性行为的发生比可能完全相同，我们所观察到的区别仅仅是由于抽样误差造成的。

根据这个思路我们也可以解释 D_{Full} 和 D_{Part} 的系数。D_{Full}系数的指数是1.3394，它表示当性别取值为0时（即对女性来说），全职母亲和失业母亲的孩子性行为的发生比的比值。表2.1告诉我们，全职工作母亲和失业母亲的女儿性行为的发生比分别是 0.4706 和 0.3514，两者之比是1.3394，正是表 2.2 中 D_{Full} 的系数之指数。D_{Part} 系数的指数是0.4257，表示当性别取值为 0 时(即对女性来说)，兼职工作的母亲和失业母亲的女儿性行为的发生比的比值。从表 2.1 可知，两者的发生比分别为 0.1494 和 0.3514，相除即得到0.4257。如果 logistic 回归中含有两个定性变量 X 和 Z，以及它们的交互效应 XZ(X 和 Z 均以虚拟变量表示)，X 的任一虚拟变量的 logistic 系数都以 Z 的取值为条件。X 的虚拟变量系数的指数表示的是优比，即当 Z 的虚拟变量都取值为 0 时，X 的虚拟变量中赋值为 1 的组别的发生比预测值除以对照组的发生比预测值。

接下来我们继续讨论交互项的系数解释。每个交互项的回归系数都代表了一个单个自由度的交互项比较。我们先定义关键自变量和调节变量。假设研究者将性别作为关键自变量，将母亲的工作状况作为调节变量，那么他要研究的就是：婚前性行为发生比的性别差异是如何随着母亲工作状况的不同而变化。为了直观地展示这种关系，我们就母亲的三种工作状况分别计算出青少年发生婚前性行为的性别优比：

全职工作的母亲的孩子发生性行为的性别优比：

男生的发生比/女生的发生比 ＝0.5625/0.4706 ＝1.1953

兼职工作的母亲的孩子发生性行为的性别优比：

男生的发生比/女生的发生比 ＝0.4286/0.1494 ＝2.8688

失业母亲的孩子发生性行为的性别优比：

男生的发生比/女生的发生比 ＝0.3889/0.3514 ＝1.1068

如果没有交互效应，这三个优比应该是一样的（除非存在抽样误差），而它们存在差别说明性别的作用受到母亲工作状态的影响。首先我们比较一下全职母亲（1.1953）和失业母亲（1.1068）这两个组别的差异。通过将两个优比相除，我们可以得到一个比值 1.1953/1.1068＝1.0799。如果两个优比是相同的，结果应当为 1.0；它们的差异越大，比值离 1.0 就越远。在本例中，全职母亲的孩子发生婚前性行为的性别优比是失业母亲的孩子的 1.0799 倍。如果我们回到表 2.2 看一下 $D_M \times D_{Full}$ 的指数系数，就会发现它正是 1.0799。95％的置信区间反映了交互比较的抽样误差，因为 1.0 落在这个区间内，说明两组间优比的差异不具备统计显著性。如果 logistic 回归包含两个定性变量 X、Z 和它们的交互效应 XZ，其中 X 为关键自变量，Z 为调节变量。XZ 的 logistic 系数的指数值是两个优比预测值的比值，即 $Z=1$ 时 X 的两个组别的优比预测值除以 $Z=0$ 时 X 两个组别的优比预测值。

这种解释方法也可用于解释 $D_M \times D_{Part}$ 的系数。在这里，$D_M \times D_{Part}$ 指数系数表示从事兼职工作母亲的孩子发生性行为的性别优比（2.8688）除以失业母亲的孩子的性别优比（1.1068），即 2.8688/1.1068＝2.5886。这个差异在统计上是显著的，因为它的置信区间没有包含 1.0。

假设我们还想知道从事全职工作母亲的孩子和兼职工作母亲的孩子发生婚前性行为的性别优比有无差别，方程并没有提供直接比较，但是这种比较在理论上是有意义的。最简单的方法就是重新定义调节变量的对照组，然后再进行一次 logistic 回归。例如，将兼职母亲定义为对照组，直接读取交互项系数。需要注意的是，重新定义对照组后，交互项的回归系数也会发生变化，因为它代表了不同组别之间的比较。但是，使用多层次完全模型检验交互项是否需要时，结果不会变化。

最后我们再来看看截距的解释。截距的指数值是所有自变量取值为 0 时结果变量的发生比预测值。在本例中，这表示母亲失业的女生（对于这个组 $D_M=0$，$D_{Full}=0$ 且 $D_{Part}=0$，它们之间的乘积项也为 0）发生性行为的发生比预测值（从表 2.1 可知，该组的发生比为 0.3514，正好是表 2.2 中截距项的指数值）。截距项的置信区间反映的也是抽样误差的大小。

总之，当 logistic 回归中含有虚拟变量的交互项时，虚拟变量的系数就不再表示传统意义上的“主效应”。该系数的指数表示当调节变量取值为 0 时，该虚拟变量中赋值为 1 的组与参照组的发生比之比值，即优比。交互项系数的指数值表示两个优比的比值。

方程 2.2 中的交互项比较是以两两比较为基础进行的，没有考虑多项同时比较带来的膨胀误差率（inflated error rates）。如果有需要，研究者可以通过修正 Bonferroni 校正法来控制实验型误差率（experimentwise error rates）①，或者用联合置信区间（simultaneous confidence interval）来评估抽样误差。详细讨论请参见杰卡德（Jaccard，1998）和柯克（Kirk，1995）的相关研究。

---

① 在进行一系列的显著性检验时，实验型误差率指在一次或多次显著性检验中导致第一类错误的概率。——译者注

第2节｜三向交互效应

假设研究者想知道什么因素会影响问卷回收率，他向某个社区的居民邮寄了自填问卷，并告诉其中的一半受访者，填答并回寄问卷可获得10美元奖励，而另一半的受访者则没有任何经济补偿。同时，50%的受访者收到的是长问卷，而另外50%的问卷则较短。在内容方面，一半的问卷是关于重要社会问题的调查，而另一半是无关紧要的问题。这样，影响问卷回收率的三个因素——经济奖励、问卷长度和主题重要性就构成了一个2×2×2的三向交互效应。我们假设研究者通过管理当局获得了受访者的职业信息，在此基础上构建了一个0—100分的社会地位测量指标，在本研究中，受访者社会地位的平均得分是55分。结果变量是一个虚拟变量，如果受访者回寄了问卷就取值为1，反之则取值为0。

在分析三向交互效应时，有必要先定义关键自变量和调节变量，而且因为调节变量有两个，我们还需要对其进行细分。假设在此研究中研究者最关心的是经济奖励，他想了解奖励的作用是否会因为调查问题的重要性不同而变化。他假设问卷调查的主题越无关紧要，经济奖励的作用就越显著。因为如果研究议题重要的话，无论是否有报酬，人们都会更愿意参与研究；而对那些不是那么重要的研究项目，人们需要有额外的奖励刺激才会参与。该研究者还进一步假设，选题重要性对经济奖励的调节作用随着问卷长度而变化。如果问卷过于冗长，即使它的主题重要、完成问卷有奖励，受访者的填写热情也会受到影响。如果问卷太长，经济奖励会失去作用，对重要和非重要选题的调查都是如此。然而，如果问卷简短，前面提到的交互作用依然会起作用，这个时候，当调查问题不那么重要时，经济奖励的作用就会更加突出。主题重要性是第一位调节变量，因为它直接影响了经济奖励和问卷回收率之间的关系。问卷长度是第二位调节变量，因为它影响的是第一位调节变量对关键自变量的调节效应。需要强调的是，虽然这样定义三个变量从计算上讲不是必需的，但是这样定义对于解释三向交互效应非常有帮助。

在本例中，研究者采取了虚拟变量编码法。对经济奖励 D_M，1 表示受访者回答问卷可以得到经济补偿，反之则为 0。选题重要性用 D_I表示，如果受访者收到的问卷是关于重要社会问题的调查则取值为 1，反之则为 0。如果受访者收到的是长问卷，则他在 D_L这个变量的得分为 1，反之为 0。这三个虚拟变量产生了三个双向交互效应：$D_M \times D_I$，$D_M \times D_L$ 和 $D_I \times D_L$，以及一个三向交互效应：$D_M \times D_I \times D_L$。为了使截距项有意义，研究者对协变量——社会地位进行了一些转换，用每个受访者的值减去样本均值(55.0)。这种转换方法称为均值中心化(mean centering)。它不会影响自变量的系数或者标准误，只会影响截距项和下文我们将要计算的发生比预测值。将连续型的协变量进行中心化是一种常见的数据处理方法。

表 2.3 是 logistic 回归的结果。因为三向交互效应只有一个单个自由度交互,研究者如果想知道是否需要将其纳入模型,无须进行多层次检验,只需看三向交互项的回归系数在统计上是否显著即可。如果模型中有不止一个单个自由度的三项交互,就需要用到多层次检验。和前面一样,我们关注的焦点依然是回归系数的解释。

表 2.3 logistic 回归系数:三向交互效应

自变量	logistic 回归系数	logistic 回归系数的指数	95%的置信区间下限	95%的置信区间上限	p 值
D_M	1.2905	3.6347	2.0141	6.5595	<0.001
D_I	1.2658	3.5458	1.9668	6.3925	<0.001
D_L	−0.1093	0.8965	0.4802	1.6736	0.732
$D_M \times D_I$	−1.1939	0.3030	0.1336	0.6874	0.004
$D_M \times D_L$	−1.2033	0.3002	0.1269	0.7100	0.006
$D_I \times D_L$	−1.1420	0.3192	0.1353	0.7530	0.009
$D_I \times D_M \times D_L$	1.2187	3.3826	1.0277	11.1882	0.046
社会地位	0.0195	1.0197	1.008	1.0389	0.042
截距	−0.9140	0.4009	0.2592	0.6195	

解释三向交互效应最好的方法就是利用表 2.3 中列出的结果,计算出八种情况($2 \times 2 \times 2$)的对数发生比预测值 logit(π),并通过取指数计算出它们各自的发生比。在计算时,我们为协变量——社会地位——任意赋一个值,在这里我们取 0,因为社会地位这个协变量经过了中心化,所以这里的 0 实际上相当于样本均值。对于那些没有收到经济回报($D_M=0$)、回答了无关紧要的问卷($D_I=0$)、填答了短问卷($D_L=0$)的受访者来说,所有因变量都取值为 0 时就是他们的对数发生比预测值,即−0.9140,求指数得到 0.4009。用同样的方法我们可以计算出其他七个组别的发生比,结果如表

2.4 所列，包含了两个 2×2 的子表。制作 2×2 子表格时，我们建议读者把关键自变量放在行的位置，第一位调节变量放在列的位置。而区分这两个 2×2 子表格的就是第二位调节变量。表 2.4 中，在 2×2 子表格的每一列下面，我们列出了关键自变量的优比（接受了经济补偿的与无偿参与研究的受访者回寄问卷的预测发生比之比）。在每个 2×2 子表格下面，我们列出了关键自变量优比在第一位调节变量两个取值之间的比值（参与了重要研究受访者的关键自变量优比与参与非重要研究受访者优比的比值）。这实际上相当于前面所讲的双向交互效应比较。如果不存在三向交互效应，我们应当看到：对于第二位调节变量的两个组（回答长问卷和短问卷的受访者），双向交互项的参数应当相同（在不存在抽样误差的情况下）。如果参数不同，则说明双向交互项的性质因为第二位调节变量的不同而不同。我们可以通过把两组（长问卷组和短问卷组）双向交互项的参数相除，直接比较两者的区别。结果越靠近 1.0，说明两者越相近，反之则说明存在区别。表 2.4 最底端的计算显示：对于第二位调节变量上取值为 1 和 0 的两组，它们双向交互项的参数之比为 3.3826。

回到表 2.3 我们看到，三向交互项系数的指数正是3.3826。如果 logistic 回归含有三个类别型自变量：X、Q、Z 以及它们的乘积项，其中，X 是关键自变量，Q 是第一位调节变量，Z 是第二位调节变量。在虚拟变量编码的情况下，三向交互项的 logistic 系数的指数值是两个双向交互项参数的比值。它的计算方法是：分别计算出 $Q=1$ 和 $Q=0$ 时 X 的两个组优比，将两个优比相除得到一个比值，然后用这个双向交互效应的参数进行三项交互比较，即，为 $Z=1$ 和 $Z=0$ 的两个组别计算出这个比值，再将两个比值相除，得出的就是三向交互效应系数的指数。95%的置信区间反映了抽样误差，如果1.0包含在这个区间中就说明三向交互效应在统计上不显著。

表 2.4　2×2×2 分类的各个组别的预测发生比和优比

	短问卷			长问卷	
	非重要议题	重要议题		非重要议题	重要议题
10美元	1.4572	1.5659	10美元	0.3922	0.4550
无奖励	0.4009	1.4216	无奖励	0.3594	0.4068
	1.4573/0.4009 =3.6347	1.5659/1.4216 =1.1015		0.3922/0.3594 =1.0913	0.4550/0.4068 =1.1185
	1.1015/3.6347=0.3030			1.1185/1.0913=1.0249	
	1.0249/0.3030=3.3826				

两项乘积项系数的指数表示的是高阶表格中的某个2×2子表。由于双向交互项是更高阶乘积项（三项交互项）的组成部分，因此它们的系数解释必须在第二位调节因素为零的条件下进行。例如，表2.3中$D_M \times D_I$系数的指数为0.3030，它表示$D_L=0$（问卷为短问卷）时经济奖励和问题重要性之间的交互效应。表2.4的结果可以验证这一点。如果logistic回归含有三个类别型自变量X、Q、Z以及它们的乘积项，其中，X是关键自变量，Q是第一位调节变量，Z是第二位调节变量。在虚拟变量编码法的情况下，双向交互项XZ的logistic回归系数的指数表示，$Q=0$时X和Z的双向交互效应的参数。

最后，“主效应”项系数的指数反映了虚拟变量中赋值为1的组和参照组的优比。因为主效应与调节变量存在交互作用，主效应的解释必须在调节变量都为零的条件下进行。因此，主效应实际上反映的是各个调节变量取值为 0 时，主效应取值为 1 的组与参照组的优比。例如，D_M的指数系数是 3.6347，它表示当问卷简短且调查的问题不重要时，有经济奖励和没有经济奖励的受访者回寄问卷的优比。我们可以从表 2.4 中验证这一点。如果一个 logistic 回归含有三个类别型自变量 X、Q、Z 以及它们的乘积项，在虚拟编码法的情况下下，X 的 logistic 系数的指数表示，当 Q 和 Z 都为零时，X 的两个组别的优比。

如果 logistic 方程没有提供我们感兴趣的交互效应比较，我们就可以重新定义一个或多个调节变量的对照组，再运行 logistic 回归来得到其回归系数。

表 2.4 中列出的预测发生比是在协变量(社会地位)取均值的条件下计算出的。虽然社会阶层取不同值时，计算出的预测发生比会有所不同，但发生比之间的关系(例如，优比、优比之比、优比之比的比)不会改变。解释协变量系数的指数值有一套惯例可循。在本例中，社会地位系数的指数值为 1.0197(95%的置信区间是 1.0008 到 1.0389)，它表示在经济奖励、问题重要性、问卷长短及所有双向交互效应和三向交互效应不变的情况下，社会地位每上升一个单位，回寄问卷的发生比预测值就是原来的 1.0197 倍。

上述例子中类别变量都是二分变量，如果类别型自变量含有三个或三个以上的类别，就要将它处理成多个虚拟变量，并相应产生多个交互乘积项。每个乘积项都对应着条件主效应参数之间，或条件双向交互效应参数之间，或三项交互效应参数之间的单个自由度比较。通过乘积项系数来进行这种比较的方法与我们上述讨论的方法完全一致。

第3章

定性和定量/连续变量的交互效应

本章将讨论类别变量和连续变量的交互效应。我们先介绍类别变量作为调节变量、连续变量作为关键自变量的情况,然后再介绍相反的情况。虽然这两种情况就模型和参数估计来说是一模一样的,但它们的解释却大相径庭。此外,本章还将探讨调节变量由两个类别变量组成、关键自变量是一个连续变量的三向交互效应。

第1节 | 调节变量是定性变量的双向交互效应

研究者想知道受教育程度和社区成员政治参与的关系，他假设受教育程度高的人比受教育程度低的人更可能参与投票。同时他还想知道这种关系在不同族群中是否有区别。于是他调查了三个族群——美国黑人、西班牙裔和白人的受教育程度和投票行为。因变量是受访者是否参与了投票，教育年限是关键自变量，族群是调节变量。因为族群是一个三分类的定类变量，因此它由两个虚拟变量表示：D_{Black} 和 D_{Hispanic}，白人是参照组。族群的虚拟变量和教育年限交互产生两个乘积项，于是 logistic 回归模型中有五个自变量：D_{Black}，D_{Hispanic}，教育，$D_{\text{Black}}\times$教育以及 $D_{\text{Hispanic}}\times$教育。在生成乘积项之前，研究者先对连续变量做了一些转换：样本的受教育年数的众数是10，中位数和均值也约为10，于是研究者将样本中所有个体的受教育年限都减去10，这样，新的教育变量的0就等于10年受教育年数。

表3.1列出了 logistic 系数、系数的指数及其95%的置信区间。模型检验显示多项的交互效应在统计上是显著的（$p<0.05$）。我们关注的重点是如何解释表3.1中的各项系数。在本章中，我们将教育视为关键自变量，族群为调节变

量，因此我们只关注教育及其交互项的系数解释，其他系数的解释留待第 4 章讨论。

教育的 logistic 系数是 0.4556，其指数为 1.5772。因为模型中还有教育和其他变量的交互项，教育的系数在这里就不能理解为“主效应”，而应该理解为“条件效应”，即调节变量为 0 时教育的效应。因此，1.5772 就可以解释为：对白人(调节变量的参照组)来说，教育年限每增加一个单位，投票的预测发生比就为原来的 1.5572 倍。该参数估计的置信区间反映了抽样误差(1.3003 到 1.9129)，1.0 没有落在这个区间中，因此教育的作用具有统计显著性。截距项的指数值表示：对一个受过 10 年教育的白人来说，参与投票的预测发生比是5.3026(即对一个受过 10 年教育的白人来说，他投票的概率是不投票的 5 倍多)。受教育年数每增加一年，这个发生比就以 1.5772 倍的速度增加。例如，对受过 11 年教育的白人而言，投票的发生比预测值为：(5.3026) × (1.5772) = 8.3633；对受过 12 年教育的白人而言，投票的发生比预测值为：(8.3633) × (1.5772) = 13.1906。如果 logistic 模型含有定量/连续变量 X、定性变量 Z 以及它们的交互项 XZ。在虚拟编码法的情况下，X 的 logistic 系数的指数是一个乘积因子，它表示当 X 每增加一个单位，Z 的参照组的预测发生比的变化速度。

正如我们前面提到的，研究者关心教育对投票的作用在三个族群中是否相同。虽然他可以根据 logistic 回归公式计算出每个族群的教育效应(方法参见第 5 章)，但是更简便的做法是重新为族群这个变量赋值，把不同族群定义为参照组，生成新的交互项，再运行 logistic 回归，从而得到参数估计和相应的置信区间。教育的指数系数就是调节变量的

表 3.1　定性和定量自变量的 logistic 回归系数：双向交互效应

自变量	logistic 回归系数	系数的指数	95%的置信区间下限	95%的置信区间上限	p 值
		a. 调节变量的参照组：白人			
D_{Black}	−0.8564	0.4247	0.1705	1.0575	0.066
$D_{Hispanic}$	−1.2082	0.2987	0.1082	0.8248	0.020
教育	0.4556	1.5772	1.3003	1.9129	<0.001
D_{Black}×教育	−0.1995	0.8191	0.6522	1.0288	0.086
$D_{Hispanic}$×教育	0.4584	1.5815	1.0216	2.4482	0.040
截距	1.6682	5.3026	2.4598	11.4309	—
		b. 调节变量的参照组：西班牙裔			
D_{Black}	0.3518	1.4216	0.6217	3.2506	0.404
D_{White}	1.2082	3.3475	1.2124	9.2426	0.020
教育	0.9140	2.4942	1.6853	3.6916	<0.001
D_{Black}×教育	−0.6579	0.5180	0.3436	0.7808	0.002
D_{White}×教育	−0.4584	0.6323	0.4085	0.9789	0.040
截距	0.4600	1.5814	0.8151	3.0785	—
		c. 调节变量的参照组：美国黑人			
$D_{Hispanic}$	−0.3518	0.7034	0.3076	1.6085	0.404
D_{White}	0.8564	2.3548	0.9456	5.8638	0.066
教育	0.2561	1.2919	1.1443	1.4585	<0.001
$D_{Hispanic}$×教育	0.6579	1.9307	1.2808	2.9103	0.002
D_{White}×教育	0.1995	1.2208	0.9720	1.5333	0.086
截距	0.8118	2.2520	1.3764	3.7104	—

参照组投票发生比的变化速度。表 3.1 的 b 部分和 c 部分是采用这种方法得出的估计结果。通过表 3.1 中三部分的分析，我们可以得到对于三个族群而言，教育每增加一个单位，参与投票的预测发生比的变化率。

	乘积因子	95%的置信区间下限	95%的置信区间上限
黑　　人	1.2919	1.1443	1.4585
西班牙裔	2.4942	1.6853	3.6916
白　　人	1.5772	1.3003	1.9129

如果教育的效应对三个族群都是一样的(即不存在交互效应),三个族群的乘积因子也应当相同(除抽样误差以外)。我们通过计算美国黑人与白人的乘积因子之比来比较两者的差异,即 1.2919/1.5772=0.8191。如果两个乘积因子是相同的,那它们的比值应该为 1.0,它们相差越大,比值就离 1.0 越远。在本例中,黑人的乘积因子约为白人的 80%。我们回到表 3.1 的 a 部分中看 D_{Black}×教育的指数系数,为 0.8191,正好是上述两个乘积因子之比。95%的置信区间(0.6522 到 1.0288)反映了这个比值的抽样误差,因为这个区间涵盖了 1.0,因此两个乘积因子的区别在统计上不显著。如果 logistic 模型含有定量/连续变量 X、定性变量 Z 以及它们的交互项 XZ,在对 Z 进行了虚拟变量转换的情况下,XZ 的 logistic系数的指数是两个乘积因子的比值,它是 X 每增加一个单位,Z 的虚拟变量中取值为 1 的组与参照组的预测发生比之变化速度之比。表 3.1 的 a 部分到 c 部分分别列出了每两个族群的乘积因子的比较结果,要想得到第三组比较,只需变换调节变量的参照组,重新运行 logistic 回归即可。变换参照组后,交互项的 logistic 系数相应改变,但是多项交互项的多层检验结果不会改变。此外,还可以通过修正 Bonferroni 检验(modified Bonferroni tests)或者联合置信区间(simultaneous confidence intervals)来处理多重比较问题。

第2节 调节变量是定量变量的双向交互效应

现在我们改变上述例子的研究假设，假设研究者想比较不同族群的投票行为，并想知道族群差异如何随着受教育程度的变化而变化。在本例中，因变量是投票行为，关键自变量是族群，教育是调节变量。虽然本例的 logistic 回归模型和上例一模一样，但是我们关注的系数以及系数的理论解释完全不同。现在我们就来讨论一下从这个理论框架出发如何解释表 3.1 中的系数，首先我们要聚焦的是族群的虚拟变量。

为了解释族群虚拟变量的系数，我们先来看一下受教育年数为 10 年时，美国黑人、白人和西班牙裔美国人投票的发生比预测值。受过 10 年教育的白人参加投票的发生比预测值是表 3.1 的 a 部分中截距项的指数值。同理，受过 10 年教育的西班牙裔和黑人的发生比预测值分别为 b 部分和 c 部分中截距项的指数值（因为教育年数已经都被减去了 10，因此

	投票发生比预测值	95%的置信区间下限	95%的置信区间上限
黑　人	2.2520	1.3764	3.7104
西班牙裔	1.5841	0.8151	3.0785
白　人	5.3026	2.4598	11.4309

截距表示受过10年教育的人投票的发生比)。

为了比较受教育年数为10年的黑人和白人的投票行为的差异,我们将两者的预测发生比相除,得出其优比2.252/5.3026=0.4247。回到a部分我们可以看到,D_{Black}的指数系数正是0.4247。如果logistic模型含有定性变量X,定量/连续变量Z以及它们的交互项XZ,在对X进行了虚拟变量转换的情况下,X的虚拟变量的指数系数是一个比值,它是当$Z=0$时,X的两个组别的预测发生比之比。D_{Black}系数之指数的置信区间(0.1705到1.0575)反映了抽样误差,1落在这个区间中表示两组的预测发生比差异在统计上不显著。

通过a部分到c部分中列出的指数系数可以得到:当受教育年数为10年时,两个族群的投票行为的发生比之比:美国黑人和白人的优比(a部分),西班牙裔和白人的优比(b部分)及黑人和西班牙裔的优比(c部分),如下所示。

	发生比预测值取值为1的组	发生比预测值参照组	优比	95%的置信区间下限	95%的置信区间上限
黑人 vs. 白人	2.2520	5.3026	0.4247	0.1705	1.0575
西班牙裔 vs.白人	1.5841	5.3026	0.2987	0.1802	0.8248
黑人 vs. 西班牙裔	2.2520	1.5841	1.4216	0.6217	3.2506

如果不存在交互效应,在受教育年数为10年或者其他值(如11年)时,优比都应该是相同的。例如,对于都接受了10年教育的黑人和白人来说,他们投票的优比是0.4247;对于都接受了11年教育的黑人和白人而言,优比也应该是0.4247。如果优比不同,就说明族群对投票行为的影响因教育程度而

异，即存在交互效应。

为了直观地展示这一点，我们用每个受访者真正的教育年数减去11，生成新的教育的变量。于是，新教育变量取值为0时就代表受访者接受了11年教育。我们重新运行logistic回归，得到新的系数如下所示。

	发生比预测值取值为1的组	发生比预测值参照组	优比	95%的置信区间下限	95%的置信区间上限
黑人 vs. 白人	2.9093	8.3637	0.3479	0.1199	1.0093
西班牙裔 vs.白人	3.9511	8.3637	0.4724	0.1448	1.5417
黑人 vs. 西班牙裔	2.9093	3.9511	0.7363	0.2911	1.8628

让我们先来看看黑人对白人的优比。当受教育年数为10年时，这个值为0.4247，而当受教育年数为11年时，这个值为0.3479。如果我们将两者相除：0.3479/0.4247＝0.8191。当受教育年数增加1个单位(即1年)时，黑人对白人的优比变为原值的0.8191。我们回到a部分可以看到：$D_{\text{Black}}\times$教育的系数之指数正好就是0.8191，它表示当调节变量(教育)增加一个单位时优比的变化速度。如果受教育年限增加到12年，黑人与白人的优比就需要再乘以0.8191，即，(0.3479)×(0.8191)＝0.2850。如果logistic模型含有定性变量X，定量/连续变量Z以及它们的交互项XZ，在对X进行了虚拟变量转换的情况下，交互项的logistic回归系数之指数值是一个乘积因子。Z每增加一个单位，X的两个组别的优比就等于原值乘以这个乘积因子。交互项指数系数的置信区间反映了抽样误差，如果这个区间包括了1.0，说明交互比较在统计

上不显著。在本例中，黑人和白人的优比的置信区间包含了1.0，所以两组人在投票行为方面的差异并不随着受教育程度的不同而变化。

用同样的方法可以解释其他交互项的系数。在表 3.1 的 a 部分中，D_{Hispanic} ×教育的指数系数是 1.5815。教育每上升一个单位，西班牙裔和白人的发生比之比就在原值的基础上乘以1.5815。在 b 部分中，D_{Black} ×教育的系数之指数是0.5180。教育每上升一个单位，黑人与西班牙裔的发生比之比就在原值的基础上乘以乘积因子 0.5180。因其置信区间不包含1.0，因此该结果在统计上是显著的。

通过灵活地转换参照组，我们可以得到发生比、优比、乘积因子、优比之比、乘积因子之比的参数估计和置信区间。就像我们前面已经提到过的，简单的加法转换会改变系数，因为它反映了不同的比较，但是多项交互项的多层次检验结果不会变。我们可以在方程中加入其他协变量以控制其他因素的影响，前面所讨论的方法也适用于这些协变量的系数解释。

第3节｜三向交互效应

某学校提供了一套课程，帮助家长们更有效地与青少年子女沟通关于吸毒的问题。研究者想知道家长们是否会参与这个课程。在本研究中，如果接受访问的家长参加了课程培训就赋值为1，反之则赋值为0。学校向每位学生家长都寄送了课程宣传册，邀请家长们在某一个晚上参加课程。学年刚开始时，家长们接受了调查，他们回答了在多大程度上担心自己的孩子会有吸毒的问题。这是一个1到25分的测量，分数越高说明家长越担心自己的孩子染上毒品。研究者想知道家长的担心与课程参与之间的关系。她进而提出假设，认为家长的担心对课程参与的影响会因为家长工作状况的不同而不同。对于全职家长来说，这种影响会更小，因为全职家长们面临着更多的时间限制，即使他们担心孩子可能会有吸毒问题，也更难把担心转化为实际行动。变量D_{ES}是一个虚拟变量，如果家长是全职工作，取值为1，反之则为0。作为研究的一部分，研究者还进行了一个对照实验，实验条件为是否有多个时间段供家长们选择。样本中一半的家长被告知课程只会举办一次，他们没有其他选择。而另一半的家长则被告知培训有三个场次(在三个不同的夜晚)，他们可以选择最方便的时间段参与培训。研究者的假设是:工作状况的调节作用仅仅在“没有选择”的场合下发生作用。研究者认为提供灵活的培训时间可以抵消全职工作造成的时间限制问题。选择变量 D_C 也是一个二分变量,当家长有多个选择时取值为 1,反之则为 0。

在本研究中,结果变量是家长是否参与课程,关键自变量是家长是否担心孩子会有吸毒问题,工作状况是第一位调节变量,培训时间的可选择性是第二位调节变量。研究者先对连续变量——家长的担心做了中心化处理(均减去样本均值),以使截距项有意义,再用转换过的新变量分别与 D_{ES} 和 D_C 进行交互。此外,研究者加入了家长的社会地位这个协变量,并进行了均值中心化处理。

根据调节变量,所有家长被分为了四组:有选择,全职;有选择,非全职;无选择,全职;无选择,非全职。在解释交互项的系数时,为直观起见,我们分别看每组家长在关键自变量上的 logistic 系数。虽然我们也可以通过代数计算,在一个 logistic 分析中得到所有系数,但是更为简单的方法还是依次将四个组定义为对照组,运行四次 logistic 回归,分别得出它们的系数和置信区间,表 3.2 的 a 部分到 d 部分就是用

	logistic 回归系数	系数的指数	95%的置信区间下限	95%的置信区间上限
有选择,全职(表 3.2a 部分)	0.1831	1.2010	1.1351	1.2707
有选择,非全职(表 3.2b 部分)	0.1242	1.1323	1.0754	1.1921
无选择,全职(表 3.2c 部分)	0.0721	1.0747	1.0141	1.1390
无选择,非全职(表 3.2d 部分)	0.1520	1.1642	1.1058	1.2256

这个方法计算出的结果。运用上一节的方法我们知道：在每个模型中，家长担心这个变量的 logistic 系数反映了调节变量为 0（$D_{ES}=0$，$D_C=0$）时，家长的担心对课程参与的影响（保持社会地位不变）。因此，此系数表示的是：那些在工作状况变量和选择变量上都是参照组的家长由于对孩子的担心产生的对课程参与的影响。四个组的系数、系数的指数值及其 95%的置信区间如下。

我们首先比较当有多个时段可供选择时，对孩子的担心对全职和非全职家长参与培训课程的影响。对全职家长来说，乘积因子是 1.2010，对于非全职家长，这个值是 1.1323。求两者的比值得到：1.2010/1.1323＝1.0607。比值越接近 1.0，说明两个乘积因子越相近。这个比值实质上是第二位调节变量（是否可选择时间）保持不变时的双向交互（家长担心和工作状况的交互）比较。

表 3.2　定性和定量自变量的 logistic 回归系数：三向交互效应

自变量	logistic 回归系数	系数的指数	95%的置信区间下限	95%的置信区间上限	p 值
a. 有选择，全职（D_C：1＝无选择，0＝有选择；D_{ES}：1＝非全职，0＝全职）					
D_{ES}	0.2491	1.2829	1.0280	1.6009	0.028
D_C	－0.2788	0.7567	0.5990	0.9560	0.019
家长担心	0.1831	1.2010	1.1351	1.2707	<0.001
社会阶层	0.0516	1.0529	1.0133	1.0941	0.008
$D_{ES}\times D_C$	0.1270	1.1354	0.8249	1.5630	0.436
$D_{ES}\times$家长担心	－0.0589	0.9428	0.8735	1.0175	0.130
$D_C\times$家长担心	－0.1111	0.8949	0.8254	0.9702	0.007
$D_{ES}\times D_C\times$家长担心	0.1389	1.1490	1.0306	1.2810	0.012
截　距	－0.9839	0.3739	0.3180	0.4395	

续　表

自变量	logistic 回归系数	系数的指数	95%的置信区间下限	95%的置信区间上限	p 值
b. 有选择，非全职（D_C：1＝无选择，0＝有选择；D_{ES}：1＝全职，0＝非全职）					
D_{ES}	−0.2491	0.7795	0.6246	0.9728	0.028
D_C	−0.1517	0.8592	0.6910	1.0684	0.172
家长担心	0.1242	1.1323	1.0754	1.1921	<0.001
社会阶层	0.0516	1.0529	1.0133	1.0941	0.008
$D_{ES}\times D_C$	−0.1270	0.8807	0.6398	1.2123	0.436
$D_{ES}\times$家长担心	0.0589	1.0607	0.9828	1.1448	0.130
$D_C\times$家长担心	0.0278	1.0282	0.9560	1.1058	0.454
$D_{ES}\times D_C\times$家长担心	−0.1389	0.8703	0.7806	0.9703	0.012
截　距	−0.7348	0.4796	0.4123	0.5579	
c. 无选择，全职（D_C：1＝选择，0＝无选择；D_{ES}：1＝非全职，0＝全职）					
D_{ES}	0.3761	1.4566	1.1569	1.8340	0.001
D_C	0.2788	1.3215	1.0460	1.6695	0.019
家长担心	0.0721	1.0747	1.0141	1.1390	0.015
社会阶层	0.0516	1.0529	1.0133	1.0941	0.008
$D_{ES}\times D_C$	−0.1270	0.8807	0.6398	1.2123	0.436
$D_{ES}\times$家长担心	0.0799	1.0832	1.0024	1.1706	0.043
$D_C\times$家长担心	0.1111	1.1175	1.0307	1.2116	0.007
$D_{ES}\times D_C\times$家长担心	−0.1389	0.8703	0.7806	0.9703	0.012
截　距	−1.2627	0.2829	0.2389	0.3350	
d. 无选择，非全职（D_C：1＝有选择，0＝无选择；D_{ES}：1＝全职，0＝非全职）					
D_{ES}	−0.3761	0.6865	0.5453	0.8644	0.001
D_C	0.1517	1.1638	0.9360	1.4472	0.172
家长担心	0.1520	1.1642	1.1058	1.2256	<0.001
社会阶层	0.0516	1.0529	1.0133	1.0941	0.008
$D_{ES}\times D_C$	0.1270	1.1354	0.8249	1.5630	0.436
$D_{ES}\times$家长担心	−0.0799	0.9232	0.8543	0.9976	0.043
$D_C\times$家长担心	−0.0278	0.9726	0.9043	1.0460	0.454
$D_{ES}\times D_C\times$家长担心	0.1389	1.1490	1.0306	1.2810	0.012
截　距	−0.8866	0.4121	0.3523	0.4819	

同理,我们可以计算出没有时间段可供选择时,全职和非全职家长的课程参与情况。在这个组别中,对从事全职工作的家长来说,家长担心的乘积因子是1.0747,而对于非全职工作的家长来说,该数值为1.1642,它们的比值为1.0747/1.1642＝0.9232。

现在我们通过比较这两项双向交互效应来得到三向交互效应的解释。我们将两个组(有选择和无选择组)的双向交互效应的比值相除,得到1.0607/0.9232＝1.1490。如果没有三向交互效应,这个指标应该为1.0(在不考虑抽样误差的情况下)。我们可以用表3.2中任何一个部分的结果来做演示,在这里,我们选择d部分。在该部分中,$D_{C}=1$表示“家长可以选择课程时间”,$D_{C}=0$表示“家长不能选择课程时间”;$D_{ES}=1$表示“全职”,$D_{ES}=0$表示“非全职”。我们发现表3.2d中三向交互项的指数系数正是1.1490,是乘积因子的比值之比。如果logistic模型含有一个定量/连续变量X,两个类别变量Q和Z以及它们之间的乘积项。指定X是关键自变量,Q是第一位调节变量,Z是第二位调节变量。在Q和Z都转化为虚拟变量的情况下,三向交互项的logistic系数的指数是X的乘积因子的比值之比。这个数值关注的是$Q=1$和$Q=0$两组的X的乘积因子之比值。分别为Z的两个组别计算出该比值,再将两个比值相除,即得到三向交互项的指数系数。置信区间反映了三向交互参数估计的抽样误差。

我们继续分析d部分中$D_{ES}\times$家长担心的指数系数,它等于0.9232,正好等于前面我们计算出的第二位调节变量的参照组(不能选择培训时间的家长)的双向交互项的参数

(0.9232)。如果 logistic 模型含有一个定量/连续变量 X，两个类别变量 Q 和 Z 以及它们之间的乘积项。XQ 乘积项系数的指数等于 $Z=0$ 时，XQ 的双向交互项的参数。置信区间反映了双向交互参数估计的抽样误差。

从表 3.2 的 a 部分到 d 部分我们可以看出，改变参照组后，乘积项的系数发生了变化，这是因为参与比较的组别发生了变化，同时，用以定义条件零值来分析“主效应”的组别也不同了。但是这并不影响我们用上述方法对系数进行解释，选择不同参照组得出的结果是一致的。

第4章

两个定量/连续变量的交互效应

本章将讨论关键自变量和调节变量都是定量/连续变量的情况。我们先从双向交互效应开始,然后再讨论三向交互效应。

第1节 | 双向交互效应

研究者想知道，什么因素会影响易感人群接受免费的艾滋病病毒(HIV)检测。研究者调查了受访者感知到的 HIV 风险和他们对 HIV 严重性的认知，这两个问题都是一个 0 到 30 分的测量，分数越高，说明受访者认为自己感染上 HIV 的风险越高，或者 HIV 带来的健康后果越严重。研究者假设：受访者觉得感染 HIV 的后果越严重，风险感知对接受免费检测的影响程度就越大。在这个研究中，是否接受 HIV 检测是结果变量(1＝检测，0＝不检测)，感知到的风险是关键自变量，对 HIV 严重性的认知是调节变量。在进行统计分析之前，研究者对两个自变量都进行了中心化处理。风险感知和严重性认知的样本平均分分别为 14.792 和 13.108，因此研究者将两变量的原值分别减去 14.792 和 13.108，再用转换后的新变量生成了交互项。分析结果如表 4.1 所示。

截距的指数值表示，当风险感知和严重性认知都取均值时，接受 HIV 检测的预测发生比。在本例中，两个自变量都为均值的人接受检测的可能性是不接受检测的 1.2866 倍。关键自变量——风险感知的指数系数是 1.2338，因为风险感知还与其他变量生成了乘积项，因此这是一个条件系数，它反映的是当严重性认知为 0 分(在本例中是严重性认知得分

表 4.1 两个定量自变量的 logistic 回归系数:双向交互效应

自变量	logistic 回归系数	系数的指数	95%的置信区间下限	95%的置信区间上限	p 值
a. 自变量都经过了均值中心化处理					
风险感知	0.2101	1.2338	1.1609	1.3114	<0.001
严重性认知	0.3592	1.4322	1.2709	1.6139	<0.001
风险感知×严重性认知	0.0559	1.0575	1.0265	1.0894	<0.001
截 距	0.2520	1.2866	1.0239	1.6166	
b. 自变量都经过了中心化处理,风险感知和严重性认知的原值都减去 14.108					
风险感知	0.2660	1.3047	1.2066	1.4108	<0.001
严重性认知	0.3592	1.4322	1.2709	1.6139	<0.001
风险感知×严重性认知	0.0559	1.0575	1.0265	1.0894	<0.001
截 距	0.6111	1.8425	1.3943	2.4347	

为均值)时,风险感知对 HIV 检测的影响。当严重性认知等于均值时,感知到的风险每增加一个单位,接受 HIV 检测的预测发生比就为原来的 1.2338 倍。例如,当风险感知和严重性认知都取均值时,接受 HIV 检测的发生比预测值为1.2866(截距项的指数)。如果风险感知增加一个单位(从 14.792 增加到 15.792),接受检测的发生比预测值就为 (1.2866) × (1.2338) = 1.5874(严重性认知维持在均值不变)。如果 logistic 模型含有两个连续变量 X 和 Z,以及它们的乘积项 XZ, X 的 logistic 系数的指数是一个乘积因子,它表示当 $Z = 0$ 时,X 每增加一个单位,发生比预测值就等于原值乘以该乘积因子。

为了展示交互项系数的解释方法,我们重新运行一次 logistic回归,这次我们将风险感知和严重性认知重新中心化,将两者的原值都减去 14.108(严重性认知的样本均值是

13.108，现在我们多减去一个单位）。结果如表4.1的b部分所示。风险认知的指数系数是1.3047。在表4.1的a部分中，当严重性认知取值为13.108时，风险认知的指数系数是1.2338。当严重性认知上升一个单位（由13.108增长为14.108）时，风险认知的指数系数变为1.3047。将两个值相除得到：1.3047/1.2338＝1.0575，正好是表4.1的a部分中列出的交互项的指数系数。这个值告诉我们：当严重性认知增加一个单位时，风险感知的乘积因子的变化速度。如果严重性认知再增加一个单位，变为15.108，那么风险感知的乘积因子就会变为（1.3047）×（1.0575）＝1.3797。置信区间反映了抽样误差，如果1.0落在其中，说明交互效应在统计上不显著。如果logistic模型含有两个连续变量X和Z，以及它们的乘积项XZ，XZ的logistic系数的指数是一个乘积因子，它表示当Z每增加一个单位时，X的乘积因子的变化速度。需要注意的是，我们对自变量的转换并未导致交互项估计系数的变化，即对自变量进行简单的代数变换并不改变交互项的参数估计。

第 2 节 | 三向交互效应

研究者想进行一项关于自杀的研究。结果变量是受访者在过去 6 个月内是否有过自杀倾向(1＝是,0＝否)。关键自变量是压力,由一个 0 到 40 分的测量反映,让受访者评价自己过去 6 个月来承受的压力,分数越高表示压力越大。研究者认为个体承受的压力越大,就越可能产生自杀的念头。同时,研究者认为压力对自杀的影响受到社会网络的调节,社会支持网络较弱的人在重压之下更可能有自杀倾向。缺少社会支持状况也由一个 0 到 40 分的测量反映,分数越高说明社会支持越弱。社会支持是第一位调节变量。研究者还进一步假设,社会支持网络的影响因个人的精神抑郁症状而异。对那些抑郁的人,缺少社会支持对压力和自杀间关系的调节作用越大。抑郁症状由一个 0 到 50 分的指标来测量,分数越高说明受访者越抑郁。抑郁症状是第二位调节变量。研究者对以上三个变量都做了均值中心化处理,并在模型中包括了它们之间的双向交互项和三向交互项。表 4.2 是 logistic 回归的结果。

根据第 3 章讨论的基本思路,压力系数的指数是一个乘积因子,当社会支持和抑郁症状取 0(在本例中是取均值)时,压力每增加一个单位,自杀倾向的发生比就等于原值乘以该

表 4.2　两个连续型自变量的 logistic 回归系数:三向交互效应

自变量	logistic 回归系数	系数的指数	95%的置信区间下限	95%的置信区间上限	p 值
压　力	0.1507	1.1115	1.0911	1.1323	<0.001
支　持	0.1046	1.1102	1.0891	1.1318	<0.001
抑　郁	0.1212	1.1288	1.1077	1.1504	<0.001
压力×支持	0.0285	1.0289	1.0241	1.0337	<0.001
压力×抑郁	−0.0006	0.9994	0.9952	1.0037	0.786
支持×抑郁	0.0010	1.0010	0.9966	1.0055	0.648
三向交互	0.0130	1.0131	1.0118	1.0144	<0.001
截　距	−1.4765	0.2284	0.2099	0.2502	

乘积因子。在本例中,压力的乘积因子为 1.1115(95%的置信区间是 1.0911 到 1.1323)。压力×支持交互项系数的指数反映了当抑郁症状取值为 0(在本例中是取均值)时,压力和社会支持的双向交互比较。该系数的指数是 1.0289(95%的置信区间是 1.0241 到 1.0337),它表示:当抑郁状况为均值时,缺少社会支持每上升一个单位,压力的乘积因子的变化速度。当缺少社会支持的指标每增加一个单位,压力对自杀倾向的影响就为原来的 1.0289 倍(保持抑郁水平在均值不变)。如果我们想计算当抑郁症状在均值的基础上增加一个单位时,压力×支持交互项系数的指数,可以重新对抑郁症状进行均值中心化(例如,抑郁症状的均值是 20,那么新的中心化就为每一个原值减去 21),重新生成交互项,再运行 logistic回归。通过这样的处理,得到新的压力×支持系数的指数为 1.0424。将这个新系数的指数与原来的值相除,得到 1.0424/1.0289＝1.0131。 如果抑郁症状对压力和社会支持的交互效应没有影响,这个比值应该为 1.0。回到表 4.2 我们可以发现,三向交互项的指数系数正是 1.0131,即两项双向

交互的参数之比。如果 logistic 模型含有三个连续自变量，X，Q 和 Z 以及它们之间的交互项。其中 X 为关键自变量，Q 为第一位调节变量，Z 为第二位调节变量。三向交互项的指数系数是一个乘积因子，它表示当 Z 每增加一个单位时，X 和 Q 的交互项参数的变化速度。如果我们重新对抑郁症状进行中心化，让它在均值的基础上增加两个单位，那么我们得到压力×支持交互项系数的指数就是 $(1.0424) \times (1.0131) = 1.0561$。

第5章

多类别模型

到目前为止，我们讨论的都是结果变量为两分变量的情况。Logit 模型也可以处理结果变量是多类别变量的情况。本章将讨论如何解释多类别模型中的交互效应。和前面的讨论一样，我们假设读者已经具备了多类别 logit 模型的基本知识，我们关注的重点是系数解释而不是模型评估。

第1节 | 定序回归模型

定序回归模型的结果变量是定序变量。在众多模型中，相邻类别定序回归(adjacent category ordinal regression)是使用最为广泛的模型之一(Agresti，1996)。假设因变量是一个有四个类别的定序变量，取值为1到4，自变量是两个连续变量 X 和 Z。我们可以通过运行三个 logistic 回归来对相邻的两个组别进行比较。首先，仅关注因变量取值为1或2的人，对他们进行 logistic 回归分析，用 X 和 Z 来预测个体落入类别1或者2的发生比；同理，对因变量取值为2或3、取值为3或4的人分别进行 logistic 回归分析。本质上，所有logistic回归都只比较结果变量中相邻的两个类别。三个方程的参数估计是同时产生(而非逐个产生)的，并且三个方程的系数(而非截距)都受到限制。具体来说，X 和 Z 的系数在三个方程中都必须是一致的。这个限制模型比非限制模型简洁(parsimonious)，因为自变量在三个方程中只有一个系数值，这种方法在相邻类别定序回归中应用很广泛[虽然非限制模型和其他一些形式的限制模型也可以被估计出来，参见(Agresti，1996)]。此模型中可以加入 X 和 Z 的乘积项以反映它们的交互效应，我们前几章中讨论的方法也适用于 XZ 的系数解释，因为它的作用实际上就是使用 logistic 回归分析相邻两个类别的对数发生比。

下面我们来举例说明。在这个例子中,研究者感兴趣的是进入美国的移民的政治态度。因变量是一个有五个类别的定序变量,受访者评价自己的政治态度属于哪一类:1=非常保守,2=有一些保守,3=中立,4=有一些自由主义,5=非常自由主义。关键自变量是性别:1=女性,0=男性。研究者想知道性别对政治态度的影响是否会随着移民在美国居住时间的长短(在本研究中,测量单位是年,不满一年的部分用小数表示)而有所不同。在美国的非移民中,女性比男性更倾向于自由主义。研究者假设:在新移民中,男性和女性的政治态度相近,但是随着在美国居住时间的增加,移民会被美国文化同化,因此在政治态度方面呈现出与美国居民(非移民)相同的性别差异。在该分析中,因变量是一个定序变量,关键自变量(性别)是二分变量,调节变量(居住年限)是连续变量。居住年限经过了均值中心化处理。

数据处理使用的是 SPSS 软件自带的 Goldminer。该程序在参数估计时允许截距项有变化,但是三个自变量(性别,居住年限,性别×居住年限)的系数在四个相邻类别 logistic 回归中都是一样的。回归分析实质上是将类别 2 和 1、3 和 2、4 和 3、5 和 4 进行比较。性别、居住年限、性别×居住年限的 logistic 系数分别为 0.44、0.00 和 −0.03;它们的指数分别为 1.55、1.00 和 0.97。性别系数的指数(1.55)反映了当居住年限取均值时,性别对政治态度的影响。在本例中它表示:当居住年限取均值时,女性成为 $j+1$ 类而不是 j 类的发生比预测值比男性的该发生比预测值高 1.55 倍。交互项的指数系数是一个乘积因子,当居住年限每增加一个单位时,这个优比就等于原值乘以该乘积因子。在这里，居住年限每增加一年，上面提到的性别的优比就为原来的 0.97 倍(第 3 章讨论的关键自变量是类别变量、调节变量是连续变量时，系数的解释方法)。不过在本例中，交互项的系数在统计上不显著($p > 0.05$)，其指数系数 95%的置信区间涵盖了 1.0 (95%的置信区间为 0.91 到 1.02)。四个方程的截距项取值不同，它们反映的是：当所有自变量都取值为 0(性别取值为 0，居住年限取均值)时，个体成为 $j+1$ 类而不是 j 类的预测发生比。

因为交互效应在统计上不显著，我们可以把它从方程中移除，直接估计性别和居住年限的“主效应”，而无需再估计它们的条件效应。不含交互项时，logistic 回归估计出的性别和居住年限的系数分别是 0.44 和 −0.02，但是只有性别的系数在统计上是显著的($p < 0.05$)。性别的指数系数是1.54，95%的置信区间是 1.38 到 1.74。因此我们可以说，保持居住年限不变，女性成为 $j+1$ 类而不是 j 类的发生比预测值是男性的 1.54 倍，即女性报告自己是“非常自由主义”而不是“有点自由主义”的预测发生比是男性的该发生比的1.54 倍。同样，女性是“有点自由主义”而不是“中立”的发生比也是男性的 1.54 倍。总之，这类模型都可以这样解释：对于结果变量的任意两个值 a 和 b，其中 $a > b$，个体成为 a 类别而不是 b 类别的优比，等于自变量系数的指数值的 $(a-b)$ 次方。例如，成为第五类(“非常自由主义”)而不是第一类(“非常保守”)的性别的优比为 $1.54^{(5-1)} = 5.7$。女性认为自己是“非常自由主义”而非“非常保守”的发生比预测值是男性的 5.7 倍。

定序回归模型有很多种，有些模型并不依赖于对数函数。通过比较模型拟合优度，研究者可以检验方程限制的合理性和其他一些关于模型的假设。对模型进行评估是非常重要的，具体方法可以参见阿格雷蒂(Agreti, 1996)，朗(Long, 1997)和迈吉德森(Magidson, 1998)的精彩讨论。

第2节｜多类别名义变量

当结果变量是类别变量且有两个以上的层次时，就需要在多项式分布的框架下展开分析。假设因变量是一个有三个类别（A、B 和 C）的定类变量，自变量 X 和 Z 是两个连续变量。我们可以通过三个 logistic 回归在因变量的三个类别中进行两两比较，即，用 X 和 Z 预测个体归为 A 类而不是 B 类的对数发生比，归于 A 类而不是 C 类的对数发生比，归为 B 类而不是 C 类的对数发生比。但是，将三组比较综合起来看时，我们会发现三个方程并不是独立的。例如，当我们用 X 和 Z 预测出个体属于 A 组而不是 B 组的对数发生比，以及她/他属于 A 组而不是 C 组的对数发生比，我们就可以知道个体属于 B 组而不是 C 组的对数发生比（具体方法参见 Long, 1997）。多项式模型在同时估计多个成对的方程时考虑到了这种相关性。多项式模型估计中的类别"匹配"有多种形式。但多数此类模型的方程最后以对数发生比形式报告出一组两分变量的比较结果。因此，我们前面讨论的系数解释方法也适用于这类模型系数的解释。[2]

最常见的多类别模型是基线类别模型（baseline-category model）。假设因变量有 k 个层次，研究者将其中一个层次定义为基线组或者参照组。分析时就会有 $k-1$ 个方程估计，每个方程都是一个 logistic 模型，将其他各组和基线组进行比较。例如，因变量是党派，有四个类别，分别是民主派、共和派、改革派和中立派；自变量是 X 和 Z。研究者将中立派作为基线组，这样就产生了三个方程（4－1＝3），它们分别用 X 和 Z 来预测相对于成为中立派而言，一个人成为民主派、共和派和改革派的对数发生比。三个方程的系数估计是同时进行的，与定序回归不同，这种比较并不仅限于"相邻类别"的比较，也不要求自变量的系数在三个方程中都保持一致（如果有理论支持系数应该保持一致，模型估计时也可以添加此限制）。三个方程得出的系数结果可以用于进行任意两个类别的比较（例如，比较民主派和共和派；参见 Agresti，1996）。

下面让我们举例说明。心理学家想研究儿童对于照料者的依恋类型。第一种类型是安全型依恋，孩子对照料者有积极的、正面的依恋；第二种类型是过度依恋，孩子过度依赖照料者，呈现出一种不健康的依赖；第三种类型是回避，孩子与照料者保持距离，表现出疏远和冷漠。解释变量主要有两个：一是家庭环境，这是一个二分变量，如果孩子生活于积极的家庭环境中则取值为 1，反之则为 0；二是母亲对孩子的关爱，这是一个 0 到 10 分的连续变量，分数越高表示母亲对孩子倾注的感情越多。研究者认为，母亲对孩子倾注的感情越多，孩子更可能呈现出安全型依恋，而不是另外两种依恋类型；同时，母亲的关注越多，孩子更可能呈现出过度依恋而不是回避。并且，这些趋势在积极的家庭环境中更为明显。换句话说，母亲的关爱对孩子依恋类型的影响受到家庭环境的调节。在分析时，"母亲关爱"这个指标经过了均值中心化处理。

数据分析使用的是SPSS的多项式回归程序，安全型依恋是基线组。分析产生了两个方程，一个将安全型依恋与过度依恋进行比较，另一个将安全型依恋和回避型进行比较。使用阿格雷蒂(Agresti, 1996)提出的公式，我们可以通过代数计算获得过度依恋和回避型的比较结果，但我们也可以通过改变基线组的方法做到这一点，后一种做法的优点在于它直接提供了标准误、显著性检验和置信区间。表5.1列出了三个方程的结果，它们的系数解释可以使用我们在第3章中讨论的方法——当关键自变量是连续变量、调节变量是类别

表5.1 多类别自变量的logistic回归系数

	自变量	logistic 回归系数	系数的指数	95%的置信区间下限	95%的置信区间上限	p 值
安全型 vs. 回避型	家庭环境(H)	1.378	3.966	2.452	6.416	<0.001
	母亲关爱(A)	0.961	2.615	2.049	3.336	<0.001
	H×A	0.731	2.078	1.473	2.932	<0.001
	截距	−1.012				
过度依赖 vs. 回避型	家庭环境(H)	0.501	1.651	1.044	2.611	0.032
	母亲关爱(A)	0.549	1.731	1.361	2.202	<0.001
	H×A	0.363	1.438	1.058	1.953	0.020
	截距	−0.626				
安全型 vs.过度依赖	家庭环境(H)	0.876	2.402	1.462	3.946	<0.001
	母亲关爱(A)	0.413	1.511	1.232	1.852	<0.001
	H×A	0.368	1.445	1.091	1.915	0.010
	截距	−0.386				

变量时的系数解释方法。在安全型依恋(取值为1)和回避型(取值为0)的比较方程中，母亲关爱的指数系数是2.615。它表示在消极的家庭环境中(家庭环境=0)，母亲的关爱每增加1个单位，孩子呈现出安全型依恋(而不是回避型)的发生

比就为原来的 2.615 倍。如果我们改变家庭环境变量的赋值方法，即消极的家庭环境＝1，积极的家庭环境＝0，重新运行回归模型，就可以得到母亲关爱这个变量的系数指数值是 5.434，它表示：在积极的家庭环境中，母亲的关爱每增加 1 个单位，孩子呈现出安全型依恋（而不是回避型）的发生比就为原来的 5.434 倍。两个乘积因子相除，5.434/2.615＝2.078，正是交互项系数的指数。因为交互项系数的指数的置信区间没有包括 1.0，说明家庭环境的调节作用在统计上是显著的，研究假设得到了支持。读者可以自己试着计算另外两个方程的系数。更详细的关于多类别因变量的讨论可以参见朗（Long，1997）的著作。

总之，logistic 模型通常应用于因变量是二分变量的情况，但它也为因变量为多类别变量的分析提供了基础，包括因变量是定序变量或者多层类别变量的情况。前四章提出的解释交互项的一般方法也适用于这些模型的系数解释。

第6章

与交互效应相关的其他问题

在本章中，我们将讨论一些与 logistic 回归的交互效应有关的其他问题。我们会介绍如何通过图表来展示交互效应；当软件没有提供系数的指数值的置信区间时，如何人工计算；如何计算调节变量在某个取值时关键自变量的系数。此外，我们还会讨论传统的交互效应分析的限定形式，以及在模型中表示交互效应的其他方法。最后我们还会讨论成分项(component terms)分解、多个交互效应、多重共线性、模型简化(theory trimming)、混杂因素(confounded configurations)和计算机软件的相关问题。

第1节｜展示交互效应的方法

对读者来说，要理解交互效应并非易事。清晰地界定关键自变量和调节变量十分必要。此外，虽然 logistic 方程提供了理解交互效应的所有关键信息，通过画图或者制表的方式来展示交互效应会更为直观和有效。在这一节里，我们将讨论除了报告回归结果之外，常用的展示 logistic 回归中交互效应的方法。

当交互效应涉及的变量都是定性变量时，我们可以参考表 2.4 的结构来展示回归结果。我们报告的是发生比预测值，关键自变量显示在行，调节变量显示在列。关键自变量在相关层次上的优比展示在每列的下方。如果是报告三向交互效应，再在相应的条目下方报告优比的比值，就像表 2.4 那样。如果关键自变量有两个以上的层次，需要用子表格展示出每一个单个自由度交互比较的结果。表 6.1 展示了如何报告 3×3 交互效应，它列出了当调节变量取每一个值时，所有成对的交互比较的结果。在这个表格中，族群是关键自变量，生活区域是调节变量。为了简化表格，它没有报告置信区间，但是更常规的做法是在数字右边加入括号，在括号中报告置信区间。表 6.1 的 b 部分显示了当调节变量（生活区域）的值变化时，关键自变量（族群）的任意两组的优比预测值如何发生变化。对三向交互效应来说，第一位和第二位调节变量应当都整合在列中，如表2.4所示。如果回归方程中还包含其他协变量，应当将协变量固定在某一个取值（在理论上有意义的取值，如样本均值）上，计算出预测发生比，并报告在表格中。

表6.1 报告3×3交互效应

	城 市	城 郊	农 村
	a. 发生比预测值		
黑 人	2.00	3.00	4.00
西班牙裔	4.00	3.00	2.00
白 人	6.00	6.00	6.00
	b. 优比		
黑人/西班牙裔	0.50	1.00	2.00
黑人/白人	0.33	0.50	0.67
西班牙裔/白人	0.67	0.50	0.33

如果是定量和定性变量的交互，其中定量变量 X 是关键自变量，在数字信息之外最好辅以图表，展示对于调节变量的各个组别，X 的多个取值对应的对数发生比。在实际中，可以用发生比预测值、对数发生比预测值或者概率预测值绘图，它们都能展示出交互效应的作用。不过最直观的还是用对数发生比预测值作图，因为这样的图形是线性的，交互效应由不同斜率的直线表示（就像在标准的最小二乘回归和方差分析中一样）。不过，这种展示方法要求读者了解对数发生比的特性。图6.1是根据第2章中提到的例子做的图，在这个例子中，族群是调节变量，受教育年数是关键自变量，图6.1展示了三个族群的对数发生比预测值。不同的斜率显示了交互效应的存在，三条直线不平行的程度显示了交互效应的大小。

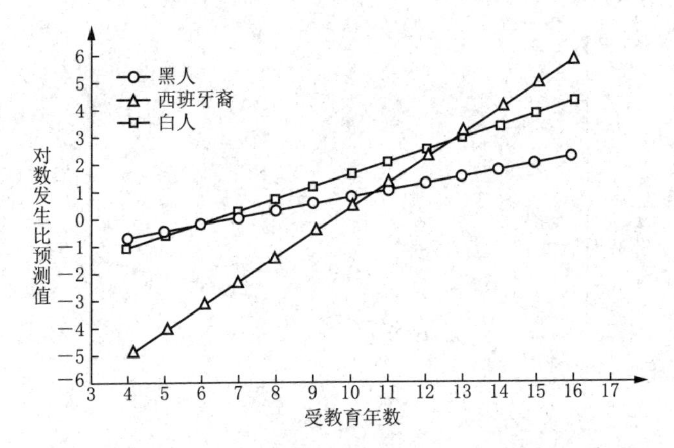

图 6.1　关键自变量为连续变量、调节变量为定类变量的双向交互效应

三向交互效应也可以使用这种作图方法，区别在于我们需要用多个图来表示第二位调节变量取每个值时的情况。图 6.2 展示的是家长是否参与培训课程那个例子。纵轴是家长参加预防青少年吸毒课程的对数发生比预测值，横轴是家长的担忧(连续型关键自变量)，图中两条线分别代表不同就业状况(第一位调节变量)的家长，上下两图分别表示是否提供了多个时间段给家长选择(第二位调节变量)，所有对数发生比的预测值都是在社会地位(协变量)取样本均值的情况下计算得到的。

如果关键自变量是定性变量，调节变量是连续变量，可以用表 6.1 的方法来展示估计结果。因为调节变量有很多个值，研究者可以选取两到三个来计算其对应的发生比预测值。例如，研究者可以报告当调节变量取“低”值(比如说低于均值一个标准差)、“中”值(如均值)和“高”值(如均值以上一个标准差)时发生比和优比的预测值。

报告两个连续变量的交互效应，可以采取上述任意一种

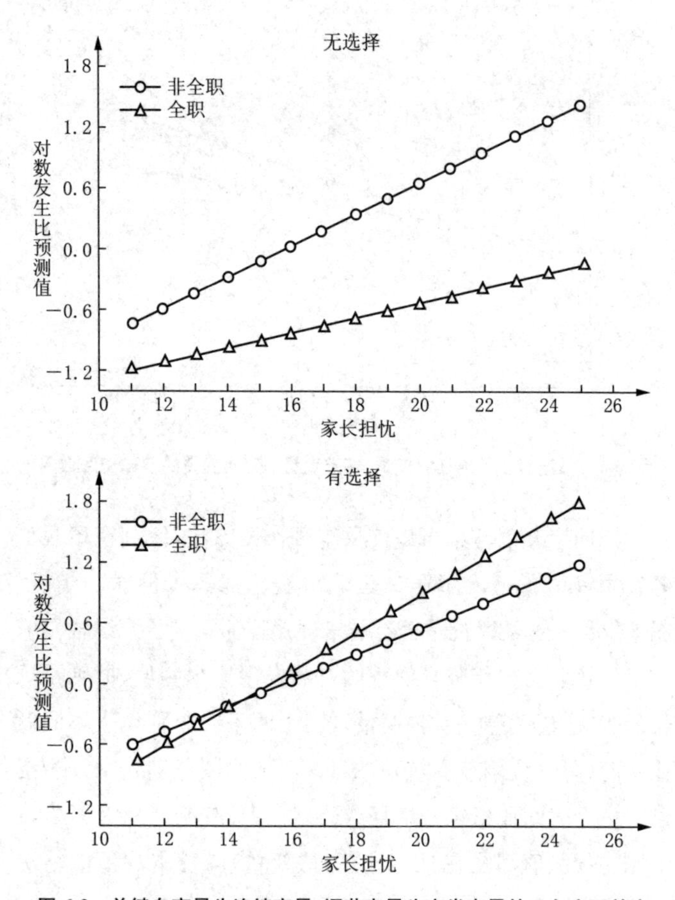

图 6.2　关键自变量为连续变量、调节变量为定类变量的三向交互效应

展示方法。研究者可以计算出当调节变量取不同值时，关键自变量的多个取值对应的结果变量的发生比预测值、对数发生比预测值或者概率预测值，然后进行画图。与上文不同的是，这里的调节变量有非常多的取值，因此研究者可以选取调节变量的"高""中"和"低"值进行画图。图 6.3 展示的是 HIV 检测研究案例的结果。纵轴是接受 HIV 检测的对数发生比预测值，横轴是受访者感知到的感染 HIV 的风险（关键自变量），三条直线代表了不同的对 HIV 严重后果的认知（调节变量）。这个图是使用原始数据（所有数据均未进行过任何中心化处理）进行 logistic 回归后画出的。研究者根据严重性认知这个调节变量，将受访者分为三组：严重性认知低、严重性认知中等、严重性认知高，然后用风险感知得分预测出每一组的对数发生比，再进行画图。三向交互效应的作图方法也和这个相似，只是研究者需要为第二位调节变量选取两到三个有理论意义的数值，就这些情况分别作图。

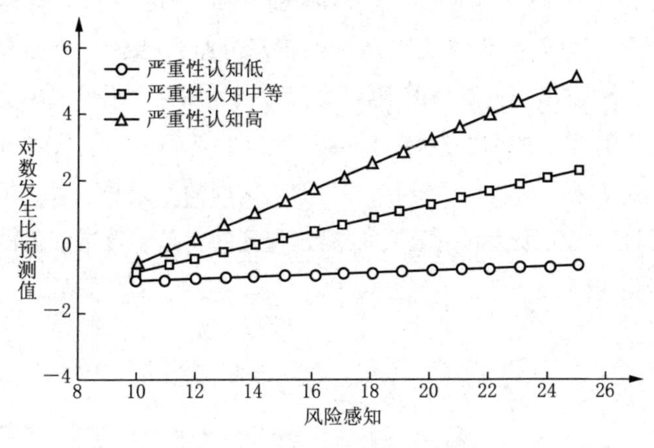

图 6.3　两个连续变量的交互效应

另一种作图方法是响应面的三维图（three-dimensionalplot of response surfaces）。如果读者感兴趣，可以参考库克和韦斯伯格（Cook & Weisberg, 1995）的介绍。

第2节 | 计算置信区间

有些统计软件提供了 logistic 回归系数的标准误估计，但是没有指数系数的置信区间，我们可以利用其他信息将其计算出来(假设样本量足够大，渐进性得到满足)。要计算这个置信区间，我们首先要从标准正态分布中选择一个临界值。对于 95%的置信区间，$Z_{critical}=1.96$。用这个临界值乘上 logistic 系数的标准误，在 logistic 系数的基础上加上或者减去这个乘积，就可以得到系数的置信区间的上限和下限。最后计算出上限值和下限值的指数，得到的就是系数指数值的置信区间。

第3节 | 当调节变量取不同值时，计算关键自变量的系数

在前几章中，我们要计算调节变量取不同值时关键自变量的系数，采用的方法是转化定量/连续型自变量，或者重新定义类别型自变量的参照组，再进行 logistic 回归。这种方法虽然略显繁复，但是它可以直接给出我们感兴趣的变量的置信区间。人工计算的话很难做到这一点(人工计算的方法参见 Hosmer & Lemeshow, 1989)。如果我们不想重新运行 logistic 回归，也不需要知道置信区间，我们就可以直接从原方程中计算出关键自变量在调节变量的某个取值上的系数，本节就将展示如何做到这一点。

假设在方程 6.1 中，X 是关键自变量，Z 是调节变量：

$$\text{logit}(\pi)=\alpha+\beta_1 X+\beta_2 Z+\beta_3 XZ \qquad [6.1]$$

要计算出 Z 取某个值时 X 的系数，首先要分离出等式右边含有 X 的项：

$$\beta_1 X+\beta_3 XZ$$

然后提取公因子 X，得到：

$$X(\beta_1+\beta_3 Z)$$

如果我们定义 X 的系数为β,那么当 Z 取任意值时,

$$\beta = \beta_1 + \beta_3 Z \qquad [6.2]$$

例如,在方程 6.1 中,$\beta_1 = 1.2$, $\beta_3 = 0.05$,那么,当 $Z = 2$时,X 的 logistic 系数就等于 $1.2 + (0.05) \times (2) = 1.30$。我们注意到,当 $Z = 0$ 时,方程 6.2 中 X 的系数正是β_1,这也说明了 β_1 是 X 在 $Z = 0$ 时的条件系数。如果 X 和 Z 都是由多个虚拟变量表示的类别变量,方程 6.2 也是成立的,但是它关注的是某个特定的虚拟变量的情况。例如,X 和 Z 各有两个虚拟变量,我们得到如下方程:

$$\begin{aligned} \text{logit}(\pi) = \alpha + \beta_1 D_{X1} + \beta_2 D_{X2} + \beta_3 D_{Z1} + \beta_4 D_{Z2} + \beta_5 D_{X1} D_{Z1} \\ + \beta_6 D_{X1} D_{Z2} + \beta_7 D_{X2} D_{Z1} + \beta_8 D_{X2} D_{Z2} \end{aligned}$$

假设我们想知道:当 $D_{Z1} = 1$ 且 $D_{Z2} = 1$ 时,$D_{X1} = 1$ 和 $D_{X1} = 0$ 两组的优比,我们首先要分离出含有 D_{X1}的项,即:

$$\beta_1 D_{X1} + \beta_5 D_{X1} D_{Z1} + \beta_6 D_{X1} D_{Z2}$$

提取公因子 D_{X1},得到:

$$D_{X1}(\beta_1 + \beta_5 D_{Z1} + \beta_6 D_{Z2})$$

指定 D_{X1}的系数为 β,则:

$$\beta = \beta_1 + \beta_5 D_{Z1} + \beta_6 D_{Z2}$$

例如,$\beta_1 = 0.2$, $\beta_5 = 0.3$, $\beta_6 = 0.4$, $D_{Z1} = 1$, $D_{Z2} = 1$,那么 D_{X1}的系数就是$[0.2 + (0.3) \times (1) + (0.4) \times (1)] = 0.9$。

三向交互效应也遵循同样的逻辑。假设 X、Q 和 Z 都是连续变量,含有交互项的方程如下:

$$\text{logit}(\pi) = \alpha + \beta_1 X + \beta_2 Q + \beta_3 Z + \beta_4 XQ + \beta_5 XZ + \beta_6 QZ + \beta_7 XQZ$$

在给定 Q 和 Z 情况下，X 的系数 β 为：

$$\beta = \beta_1 + \beta_4 Q + \beta_5 Z + \beta_7 QZ$$

在给定 Z 的情况下，XQ 的系数为：

$$\beta_4 + \beta_7 Z$$

第 4 节 | 定量/连续变量交互项的双线性

当交互项中含有连续变量时,前几章讨论中用乘积项来反映交互效应的方法仅仅检验了一种特殊类型的交互效应,即对数发生比的双线性交互效应。交互效应还有其他形式,在实际研究中,我们需要进行一些探索性分析以确保我们使用了正确的交互项形式。举个例子,图 6.4 表示两个组在某个结果变量上的对数发生比,关键自变量 X 是一个连续变量。如果我们用乘积项来表示交互效应,那么两个组的对数发生比都将是直线,只是斜率不同,但是实际数据如图 6.4 所示,显然不是这样。对其中一组来说,对数发生比是 X 的一个线性函数,而另一组的对数发生比则是 X 的非线性函数。在这种情况下就不适合用乘积项来表示交互效应,否则就犯了模型设定错误。

如果是两个连续变量之间存在交互效应,用乘积项来反映这种效应虽然应用广泛,但是其定义也比较严格。回到我们第 1 章中讨论的例子,X 是关键自变量,Z 是调节变量,用两者的乘积项表示交互效应时,X 的 logistic 系数是 Z 的一个线性函数,但是很有可能两者的关系是非线性的,这时如果仍然使用乘积项就是模型设定错误。检验两者的关系是

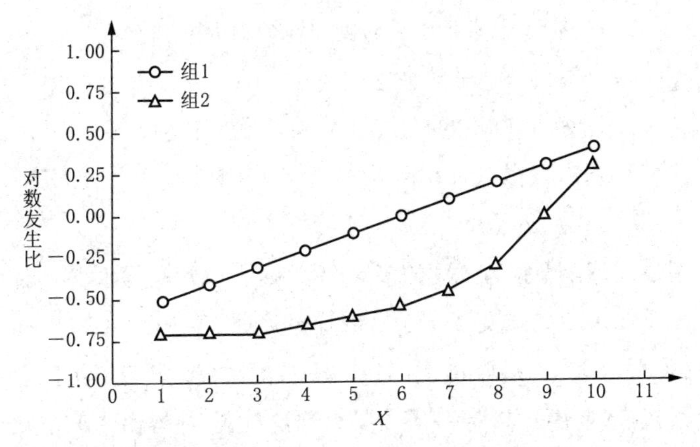

图 6.4　两组人群用连续自变量预测的对数发生比

否为线性有一种虽然不是很精细但很有用的方法，即使用不同的带宽回归(bandwidth regression)(Hamilton，1992)。该方法将调节变量的值进行五到十等分，生成 5 到 10 个定序的组别。接着计算出每个组的均值或者中位数，并在每个组中用 X 对结果变量进行 logistic 回归。然后观察这 5 到 10 个 X 的 logistic 系数的变化趋势，看看这些系数是否大致上是 Z 的均值或中位数的线性函数。换句话说，如果我们用 X 的 logistic 回归系数和 Z 的均值(或中位数)作图，两者应该是线性的，否则就需要采用更复杂的形式来反映 X 和 Z 的交互效应。

更复杂的交互效应通常是通过多项式和乘积项来体现的。在多元回归中使用交互项进行多项式分析(polynomial analysis)，可以参见杰卡德等人(Jaccard，Turrisi & Wan，1990)的相关介绍。假设 X 的 logistic 系数是 Z 的二项式函数，X 和 Z 均为连续变量，具体分析方法如下：

1. 确定 X 为关键自变量，Z 为调节变量；

2. 对 X 和 Z 进行必要转换(例如均值中心化);

3. 计算调节变量的平方,Z^2;

4. 计算 X 和 Z 的乘积项、X 和 Z^2 的乘积项;

5. 列出方程:$\text{logit}(\pi)=\alpha+\beta_1 X+\beta_2 Z+\beta_3 Z^2+\beta_4 XZ+\beta_5 XZ^2$。

通过提高模型拟合优度的多层次检验,可以检验模型中是否需要加入二项式交互项。Z 取任意值时,X 的系数为 $\beta_1+\beta_4 Z+\beta_5 Z^2$。系数 β_1 是 $Z=0$ 时 X 的系数。研究者可以通过变换(上述第二步)使零值具有理论意义,并得出在该情况下 X 的系数和置信区间。

下面我们来分析连续变量和类别变量交互的情况,如图6.4所示。假设 Z 是一个虚拟变量,两组在结果变量上的对数发生比是关键自变量 X(连续变量)的函数,并且至少有一组的对数发生比是 X 的非线性函数。模型可以写成如下形式:$\text{logit}(\pi)=\alpha+\beta_1 X+\beta_2 Z+\beta_3 X^2+\beta_4 XZ+\beta_5 X^2 Z$。其中,当 $Z=0$ 时,X 对 $\text{logit}(\pi)$ 的影响由二项式模型 $\alpha+\beta_1 X+\beta_3 X^2$ 反映。要计算当 $Z=1$ 时 X 的影响,只需改变 Z 的参照组,重新计算乘积项,再进行 logistic 回归即可,同样我们关注的还是 $\alpha+\beta_1 X+\beta_3 X^2$。

第5节 | 分离成分项

我们常说，在 logistic 方程中乘积项代表交互效应。事实上乘积项反映了主效应和交互效应的混合。一般情况下，只有方程中同时包括了乘积项及乘积项的每一个组成部分时（还有非限制的截距项），本书所讨论的有序关系才成立。在为交互效应建模时也可以排除一项或多项乘积项的组成部分，但这是另一种形式的交互效应，不在本书讨论范围之列。

第6节 多项的交互效应

假设研究者想建立一个模型，其中结果变量 Y 是一个虚拟变量，它表示为三个连续变量 X、Q 和 Z 的函数。研究者假设不存在三向交互效应，但是他想检验一下所有可能的双向交互效应，有几种方法可供使用。有些研究者使用了组块检验(chunk test)，该方法计算出包含所有双向交互项的模型和不包含任何交互项的模型，然后比较两个模型的拟合优度；在这里，所有交互效应合在一起被视为一个"组块"(Kleinbaum, 1992)。如果两个模型的拟合优度没有统计差别，说明交互项是多余的，可以从模型中删除。如果组块检验发现模型的拟合优度有显著差别，说明至少有一项交互项是必须保留的。然后，再使用多层次向后排除法(hierarchical backward elimination strategy)，将包含所有交互项的模型与去掉某一项交互项的模型进行比较。例如，如果我们想知道是否应该保留 XZ，可以比较以下两个模型的拟合优度：

$$\text{logit}(\pi)=\alpha+\beta_1 Q+\beta_2 X+\beta_3 Z+\beta_4 QX+\beta_5 QZ+\beta_6 XZ$$

$$\text{logit}(\pi)=\alpha+\beta_1 Q+\beta_2 X+\beta_3 Z+\beta_4 QX+\beta_5 QZ$$

如果它们的拟合优度没有显著差别，就说明 XZ 可以从方程中被排除，反之，则应保留。

一些学者用这种方法系统性地检验每项交互项。另一些学者则先选择一项感兴趣的交互项进行检验，如果该项被排除，再在排除了该项的基础上检验其他交互项。例如，我们首先检验 XZ，发现应该在模型中排除它，然后再在排除了 XZ 的模型中使用多层次向后排除法来检验 QZ，即比较以下两个模型的拟合优度：

$$\text{logit}(\pi) = \alpha + \beta_1 Q + \beta_2 X + \beta_3 Z + \beta_4 QX + \beta_5 QZ$$

$$\text{logit}(\pi) = \alpha + \beta_1 Q + \beta_2 X + \beta_3 Z + \beta_4 QX$$

研究者选择哪项交互项先进行检验，有时取决于理论旨趣，有时取决于在完全模型中哪个交互项的 logistic 系数的 p 值最大，有时则兼顾了两种考虑。

有多个交互项时，排除某一项或者某几项交互项的标准并不唯一，哪一种是最优标准尚存争议。不同的标准有不同的考虑，这些话题已经超出了本书的范围，感兴趣的读者可以参见毕晓普等人（Bishop, Feinberg & Holland, 1975）、霍斯默等人（Hosmer & Lemeshow, 1989），或者杰卡德（Jaccard, 1998）的相关讨论。需要预先提醒读者的是，我们处理同阶的交互项时可能会出现一些“奇怪”的现象。比如，组块检验显示至少需要保留一项交互项，但是分别检验各项交互项时我们发现每一项都可以从模型中排除。又如，分别对交互项进行检验时发现某交互项应该保留，而其他交互项应该排除，但是排除了其他交互项后，该项在统计上却不显著了。如何处理这些问题取决于研究者的理论问题、总体的统计框架（如零假设检验、量值估计、区间估计）以及数据结构。在大多数情况下，是否需要排除某项交互项是比较直观且没有争议的,但也有一些例外情况。

当 logistic 方程中含有两个单独的交互项(例如,三个连续变量 Q、X、Z 和两个交互项 XZ、QZ,再没有其他交互项)时,对交互项系数的解释也可以使用本书中介绍的方法,只是要加上一个条件:一个交互项的系数解释,要在另一交互项(以及其他协变量)保持不变的条件下进行。任何低阶项的系数解释都是以该低阶项涉及的乘积项为 0 为条件的。

第7节 多重共线性

一些学者对交互效应分析持十分谨慎的态度，因为变量和它们的乘积项之间常常高度相关。如果 XZ 和 X、Z 或两者都高度相关，就可能存在典型的多重共线性的问题。不过这种情况通常不会发生，除非乘积项和成分项的相关性非常高（达到 0.98 甚至更高），以至于软件无法分别为它们计算出标准误。XZ 的共线性并不是一个问题，我们可以通过以下事实来理解：在分析时我们会对连续变量进行各种转换，如前文所介绍的那样，这些转换一般都会改变 XZ 和 X 或 Z 之间的关系，但是这些转换不会影响交互项的 logistic 回归系数、标准误估计和统计显著性。如果共线性问题十分严重，当 XZ 及其成分项的相关性变化时，系数和估计的标准误也会相应发生变化。如果读者对其中的机制感兴趣，可以参见杰卡德等人（Jaccard, Turrisi & Wan, 1990）的讨论。不过，X 和 Z（即成分项）如果有高度共线性就会带来非常严重的问题。

第 8 节 | 模型选择和简化

对许多社会科学研究来说,研究者通常都有很清晰的研究假设,并清楚要用何种统计模型来证明这些假设。例如,研究者假设青少年的性别和母亲的工作状况之间存在交互效应,然后通过模型来检验这种交互效应。而另一些研究者采用的方法则是在模型中放入一系列解释变量,然后寻找最简洁的、足以解释结果变量的模型。最常见的做法就是在模型中放入所有从理论上讲有关系的变量,再通过排除那些统计上不显著的变量或者系数接近于零、影响微乎其微的变量来简化模型。这种简化不仅使模型更加简洁,而且提高了分析的统计力。删减变量,尤其是构成乘积项的变量时要十分谨慎,因为排除了非零系数的变量可能会导致有偏估计,进而影响到系数解释。如果有几个变量,它们的系数都接近于零,影响并不显著,把它们一起删除也可能导致有偏估计。一个变量没有显著影响可能是因为统计力不够,但是它仍有可能是重要变量(尽管在统计上是不显著的),把这样的变量删掉会导致严重偏误。一般来说,那些理论上有意义的变量都是需要保留的,除非研究者非常确信这些变量的系数接近于零,删除它们也不会导致模型设定错误。删减变量的好处在于节约了一个自由度,得到了更简洁的模型。其缺点在于可能导致模型设定错误,从而影响系数解释。当样本量很大时,节约几个自由度带来的统计力的提高就不是那么重要了,而模型设定错误带来的风险更需要关注,在这种情况下删减变量必须十分谨慎。

第 9 节 | 转换

整本书中我们都通过对解释变量进行转换来使 logistic 模型的参数取值有意义。如果我们想得到数据在某个值上的信息,通常可以对解释变量进行相应转换,再重新运行原来的方程。这种方法操作起来虽然略为繁复,但是它可以直接提供估计的标准误和置信区间,省去了人工计算的麻烦。这种转换也可以用于普通最小二乘法回归以及四向、五向交互效应。研究者需要注意的是系数解释是有条件的,要十分清楚转换后的零值的意义(参见 Jaccard, 1998)。当数据有缺失值时,进行转换要格外小心,如果缺失值的处理不是采用剔除法或者填补法,上述方法可能会不适用。

第10节｜混杂的交互效应

交互效应可能会与其他类型的效应混杂在一起，这时就需要十分注意模型设定的问题。例如，如果数据是由logit(″)和 X 的曲线关系生成的，当我们用 X 和 Z 作为解释变量，并纳入它们的交互项时，我们会发现交互效应是显著的。一些学者建议，当理论指出存在曲线效应时，有必要在交互效应分析之前检验该曲线效应。很明显，研究者需要考虑到多种可能的模型，并分析这些模型。艾利森(Allison, 1999b)提出了交互效应分析中一种重要的混杂形式，即残差变异(更具体地说是不可观测的内生性)，这会导致不同组别的 logistic 系数出现差异，而事实上这种差异并不存在。艾利森(Allison, 1999b)讨论了残差变异的性质，甄别该问题的方法，以及方差齐性假设被违背时的分析方法。在实际应用中我们很难知道这些混杂因素是否存在、在多大范围内存在，有时它们并不构成问题，这取决于研究者的不同考虑。

第 11 节 | 电脑软件

本书讨论的交互效应分析通过电脑程序都可以很方便地实现，只要计算出相应的乘积项，将交互项和其他协变量、解释变量一起代入 logistic 回归方程即可。一些软件提供了计算交互项的快捷方式，例如，在 S Plus 软件中，用户可以直接指定有交互效应的变量，选择相关的程存，软件就会自动生成乘积项。当解释变量是多类别变量时，它会自动将其转化为虚拟变量并生成相应的交互项。在使用统计软件时，使用者需要注意类别变量的编码方法[比如是虚拟变量编码还是效应编码（effect coding）①]，哪个组是对照组。此外，在进行多类别回归分析时有多种估计方法，各个软件默认的估计方法也不同，研究者需要注意软件采用的估计方法是不是自己需要的方法。同样，在不同的软件中，默认的基线组也不一样。

① 效应编码是对类别变量进行编码的一种方法，它用 0、1 和 −1 来表示每个观察值的组别。——译者注

注释

[1] 在手持计算器上，按 e^x 键可以进行指数计算。

[2] 有一些模型并不以对数函数为基础。

参考文献

AGRESTI, A.(1996) *An Introduction to Categorical Data Analysis*. New York: Wiley.

ALLISON, P. (1999a) "Comparing logit and probit coefficients across groups". *Sociological Methods and Research*, 28, 186—208.

ALLISON, P.(1999b)*Logistic Regression Using the SAS System: Theory and Application*. Cary, NC: SAS Institute.

BISHOP, Y.M., Feinberg, S., & Holland, P.W.(1975) *Discrete Multivariate Analysis: Theory and Practice*. Cambridge, MA: MIT Press.

COOK, R. D., & Weisberg, S. (1995) *An Introduction to Regression Graphics*. New York: Wiley.

HARDY, K.(1993) *Regression with Dummy Variables*. Sage University Papers Series on Quantitative Applications in the Social Sciences, 07—93. Thousand Oaks, CA: Sage.

HAMILTON, L.C.(1992) *Regression with Graphics: A Second Course in Applied Statistics*. Belmont, CA: Brooks Cole.

HOSMER, D.W., & Lemeshow, S.(1989) *Applied Logistic*. New York: Wiley.

JACCARD, J.(1998) *Interaction Effects in Factorial Analysis of Variance*. Sage University Papers Series on Quantitative Application in the Social Sciences, 07—118. Thousand Oaks, CA: Sage.

JACCARD, J., & Wan, C.K.(1996) *LISREL Analyses of Interaction Effects in Multiple Regression*. Sage University Papers Series on Quantitative Applications in the Social Sciences, 07—114, Thousand Oaks, CA: Sage.

JACCARD, J., Turrisi, R., & Wan, C.(1990) *Interaction Effects in Multiple Regressions*. Sage University Papers Series on Quantitative Applications in the Social Sciences, 07—72. Thousand Oaks, CA: Sage.

KIRK, R.(1995) *Experimental Design: Procedures for the Behavioral Sciences*. Pacific Grove, CA: Brooks-Cole.

KLEINBAUM, D.G.(1992) *Logistic Regression: A Self Learning Text*. New York: Springer.

LONG, S. (1997) *Regression Models for Categorical and Limited Dependent Variables*. Thousand Oaks, CA: Sage.

MAGIDSON, J. (1998) *Goldminer 2.0*. Chicago: SPSS.

MAXWELL, S., & Delaney, H. (1990) *Designing Experiments and Analyzing Data: A Model Comparison Approach*. Belmont, CA: Wadsworth.

MCCULLAGH, P., & Nelder, J. A. (1989) *Generalized Linear Models*. London: Chapman and Hall.

MENARD, S. (1995) *Applied Logistic Regression Analysis*. Sage University Papers Series on Quantitative Applications in the Social Sciences, 07—106. Thousand Oaks, CA: Sage.

译名对照表

antilog	反对数
baseline model	基线模型
bandwidth regression	带宽回归
binary model	二分模型
categorical variable	类别变量
ceiling	上限
centered	中心化
chi-squared distribution	卡方分布
chi-squared values	卡方值
covariate	协变量
confidence interval	置信区间
degree of freedom	自由度
dependent variable	因变量
dichotomous variable	二分变量
explanatory variable	解释变量
dummy variable	虚拟变量
exponent of coefficient	指数系数
function	函数
focal independent variable	关键自变量
goodness of fit	拟合优度
generalized linear model	广义线性模型
intercept	截距
independent variable	自变量
log likelihood ratio	对数似然比
log linear model	对数线性模型
logged odds	对数发生比
logistic regression	logistic 回归
main effect	主效应
Maximum Likelihood Estimation (MLE)	最大似然估计
moderator variable	调节变量
multiplicative factor	乘积因子

nominal variable	名义变量
nonlinearity	非线性
reference group	参照组
odds	发生比
odds ratio	优比
omnibus interaction effects	综合交互效应
Ordinary Least Squares (OLS)	普通最小二乘法
parameter estimate	参数估计
probability	概率
residual	残差
sample	样本
standard deviation	标准差
test of significance	显著性检验
three-way interaction	三向交互
two-way interaction	双向交互
Wald statistic	Wald 统计

Interaction Effects in Logistic Regression

上海市版权局著作权合同登记号:图字 09-2013-596

图书在版编目(CIP)数据

Logistic 回归中的交互效应/(美)詹姆斯·杰卡德著;缪佳译.—上海:格致出版社:上海人民出版社,2019.10
(格致方法.定量研究系列)
ISBN 978-7-5432-3050-7

Ⅰ.①L… Ⅱ.①詹… ②缪… Ⅲ.①回归分析 Ⅳ.①O212.1

中国版本图书馆 CIP 数据核字(2019)第 206187 号

责任编辑 裴乾坤
美术编辑 路 静

格致方法·定量研究系列
Logistic 回归中的交互效应
[美]詹姆斯·杰卡德 著
缪 佳 译

出 版 格致出版社
上海人民出版社
(200001 上海福建中路 193 号)
发 行 上海世纪出版股份有限公司发行中心
印 刷 浙江临安曙光印务有限公司
开 本 920×1168 1/32
印 张 4
字 数 74,000
版 次 2019 年 10 月第 1 版
印 次 2019 年 10 月第 1 次印刷
ISBN 978-7-5432-3050-7/C·226
定 价 32.00 元

格致方法·定量研究系列

1. 社会统计的数学基础
2. 理解回归假设
3. 虚拟变量回归
4. 多元回归中的交互作用
5. 回归诊断简介
6. 现代稳健回归方法
7. 固定效应回归模型
8. 用面板数据做因果分析
9. 多层次模型
10. 分位数回归模型
11. 空间回归模型
12. 删截、选择性样本及截断数据的回归模型
13. 应用 logistic 回归分析（第二版）
14. logit 与 probit：次序模型和多类别模型
15. 定序因变量的 logistic 回归模型
16. 对数线性模型
17. 流动表分析
18. 关联模型
19. 中介作用分析
20. 因子分析：统计方法与应用问题
21. 非递归因果模型
22. 评估不平等
23. 分析复杂调查数据（第二版）
24. 分析重复调查数据
25. 世代分析（第二版）
26. 纵贯研究（第二版）
27. 多元时间序列模型
28. 潜变量增长曲线模型
29. 缺失数据
30. 社会网络分析（第二版）
31. 广义线性模型导论
32. 基于行动者的模型
33. 基于布尔代数的比较法导论
34. 微分方程：一种建模方法
35. 模糊集合理论在社会科学中的应用
36. 图解代数：用系统方法进行数学建模
37. 项目功能差异（第二版）
38. Logistic 回归入门
39. 解释概率模型：Logit、Probit 以及其他广义线性模型
40. 抽样调查方法简介
41. 计算机辅助访问
42. 协方差结构模型：LISREL 导论
43. 非参数回归：平滑散点图
44. 广义线性模型：一种统一的方法
45. Logistic 回归中的交互效应
46. 应用回归导论
47. 档案数据处理：生活经历研究
48. 创新扩散模型
49. 数据分析概论
50. 最大似然估计法：逻辑与实践
51. 指数随机图模型导论
52. 对数线性模型的关联图和多重图
53. 非递归模型：内生性、互反关系与反馈环路
54. 潜类别尺度分析
55. 合并时间序列分析
56. 自助法：一种统计推断的非参数估计法
57. 评分加总量表构建导论
58. 分析制图与地理数据库
59. 应用人口学概论：数据来源与估计技术
60. 多元广义线性模型
61. 时间序列分析：回归技术（第二版）
62. 事件史和生存分析（第二版）
63. 样条回归模型
64. 定序题项回答理论：莫坎量表分析
65. LISREL 方法：多元回归中的交互作用
66. 蒙特卡罗模拟
67. 潜类别分析
68. 内容分析法导论（第二版）